犬にウケる最新知識

鹿野正顕

ワニブックス
|PLUS|新書

はじめに

犬はもっとも古くから人と生活を共にしてきた動物です。

しかし、身近な存在であるがゆえ行動や認知に関する研究はあまり行われず、それぞれの主観や価値観でその習性は語られてきました。

2000年代に入りようやくさまざまな研究が急速に進みだします。すると「人と犬の関係には上下関係が必要」「犬は悪いことをして叱られると反省する」などといった、いままで信じられていたけれど科学的根拠のなかった常識がくつがえされるようになったのです。当然、それまでの犬との関わり方やしつけ方は大きく見直されるようになりました。

最近ではこうした新たな科学的根拠に基づいた情報にメディアなどを通してふれる機会も徐々に増えてきました。

しかし、まだまだ多くの飼い主さんに浸透しているとは言いがたく、専門家と呼ばれる人たちでさえも過去の古い情報に基づいた指導をしてしまっているのが現状です。

ふだん、私は大学や専門学校で講師を務めたり、本やメディアを通してさまざまな情報発信をしたりしつつ、ドッグトレーナーとして現場にも携わっています。多くの飼い主さんから相談を受ける中でも、やはり同じように犬に関する最新情報がうまく伝わっていないもどかしさを感じることが多いのです。

飼い主さんの悩みや愛犬との関係は最新知見を知るだけで解決することも多いだけにとてももったいなく感じております。

そこで、この本の前著となる『犬にウケる飼い方』では、最新の知識をはじめ犬に関する総合的な情報を幅広くご紹介し好評の声をいただきました。

本書ではその内容をさらに一歩深め、飼い主さんが愛犬と関わるうえで知っておくべき「犬の行動や特性、認知に関する最新の情報」のみを科学的な研究結果を交えてご紹介しております。

「科学的な研究」といわれると難しく感じたり、少しかまえてしまったりしてしまうかもしれませんが心配無用です。

犬のプロの目で厳選した目から鱗《うろこ》の情報100個を1見開きで1項目ずつ、日常の愛犬との生活に絡めながらわかりやすく書くように心がけたつもりです。きっと楽しく共感しながら読んでいただけると思います。

愛犬とのよりよい関係を築くためにもっとも重要なことは、犬のことを正しく理解することです。本書をいちど読んでおくだけで接し方や生活環境が改善され、お互いの幸せ度がグンと高まることでしょう。

この本が多くの飼い主さんの一助となり、「人も犬も共に幸福になれる社会づくり」に少しでも貢献できれば幸いです。

目次

第2章　犬の「散歩」の最新知識

第７章　犬の「健康管理」の最新知識

第8章 犬の「幼児教育」の最新知識

第9章　犬の「特性・能力」の最新知識……193

第10章　犬の「しつけ・問題行動」の最新知識

第1章　衝撃の「犬」真実

犬は怒られても反省しない

犬が悪さをしたときに叱ると、「目をそらす」「うつむいて上目遣いをする」「伏せてじっとする」といった仕草を見せます。

こうした仕草に対し多くの飼い主が「悪いことをしたのがわかっているから反省してこのような仕草をしている」と信じている場合が多いようです。

しかし、犬は本当に罪の意識を持ったり、反省をしたりできるのでしょうか？

動物の認知行動学の研究者であるアレクサンドラ・ホロウィッツは、犬が反省しているように見えるこれらの仕草について、次のような実験をしました。

「飼い主と犬、数グループをおやつが用意された別々の部屋にそれぞれ待機させる➡おやつを食べないように犬に指示し、飼い主が部屋の外へ➡実験者は飼い主が部屋に戻った際に犬がおやつを食べていたら叱るように指示（犬がおやつを食べなかった場合は実験者がこっそり隠す）」

もし、犬が叱られると反省するのであれば、冤罪《えんざい》をこうむった犬は〝反省の仕草〟は見せないはずです。しかし結果はどちらの場合でも〝反省の仕草〟を見せたのです。

その後、同様のテーマについてさまざまな研究が行われましたが、いずれの場合も同じような結果が得られたことから、現在では「犬の反省しているように見える仕草」は（飼い主が叱ったことに対して犬が）恐怖や不安を表す反応と結論付けられています。

人も犬も、善悪の判断をする能力については脳の前頭葉が担っています。人は前頭葉が非常に発達していて、大脳皮質のおよそ30％も占めていますが、犬の場合は７％と非常に少ないため、犬に道徳心や倫理観、善悪の判断を求めるのは非常に困難といえます。

犬を叱りつけることは、ただ単に飼い主への恐怖心を抱かせ、互いの関係を悪化させることにつながりかねません。くわしくは後述しますが、「してほしくないこと」が起きないような環境設定や対応を心がけ、「してほしいこと」をほめてしつけることが互いの信頼関係の構築につながっていくのです。

犬は飼い主の気持ちに共感できる

飼い主が喜んだり悲しんだり、感情を揺さぶられているとき、まるで人間の気持ちに共感してくれているかのような仕草を犬が見せることがあります。

ドッグトレーニングの世界でも「飼い主が緊張すると犬にも〝伝染〟してしまうため、高いパフォーマンスを発揮するには飼い主自身が心を落ち着かせて冷静に対応する必要がある」といわれてきました。

このように、相手の感情をまるで自分の感情のように感じることを、心理学の用語で「情動的共感」といいます。この法則が人同士だけでなく、飼い主と犬の間にも存在することが最近の研究でわかってきました。

検証する方法として用いられているのは「あくびの伝染」です。

「誰かがあくびをするとつられて自分もあくびをしてしまう」というのは誰もが経験したことがあるでしょう。あくびの伝染が生じるのは、他者への同情や共感の証《あかし》と考えられていて、人同士ではとくに親しい人ほど、あくびがうつりやすくなるそうです。

では人と犬の間ではどうでしょう。

２００９年にアメリカで行われた研究では、人が「本当のあくび」をしたときは犬もあくびをしましたが、「あくびのマネ」をしたときは、ほとんどの犬があくびをしなかったと報告されています。

さらに２０１３年に日本で行われた研究では、多くの犬が初対面の人があくびをしたときよりも、飼い主があくびをしたときのほうが伝染しました。単に人のあくびが伝染するだけではなく、人と同じように、親しい関係にあるほど情動的共感が生じやすいことが報告されているのです。

大好きな飼い主の気持ちに共感し、わかち合ってくれる。そんな能力を持っているからこそ、犬は人にとって種を超えた最初のパートナーとして、互いに支え合いながら生活を共にしてこられたのかもしれません。

犬と飼い主のストレスはシンクロする

「嬉しい」「楽しい」など、ポジティブなものだけでなく、「恐怖」や「不安」といったネガティブな感情にも犬は共感することがわかっています。

人や犬がストレスを感じると、コルチゾールというストレスホルモンが血中に分泌されます。それは毛髪にも取り込まれて徐々に蓄積されていくため、毛髪に含まれたコルチゾールの量は長期的なストレスの指標を表す値として用いられています。

２０１９年にスウェーデンで行われた研究では、この指標を用いることで、飼い主のストレスが長期的に犬に伝染することがわかりました。58組のペアを調べたところ、飼い主の毛髪のコルチゾール値が高いと、犬の被毛（からだの表面をおおう毛）に含まれる値も高かったことから、飼い主のストレスに犬が共感してストレスを感じることが示唆されたのです。

また、同じ年に麻布大学で行われた別の研究では、前述したものとは対照的に、飼い主の〝短期的な〟ストレスが犬にも伝染するかどうかを調べています。自律神経の活動の指標として、ストレス／リラックス状態を評価することができる「心拍変動解析」を用いて、次のような実験を行いました。

「飼い主・飼い犬のペア双方に心拍計を装着➡飼い主だけに心理的なストレスを与えるため、暗算を解いてもらったり、リラックスしてもらったりする時間を交互に設ける➡実験中は、飼い主と犬、共に15秒間隔で心拍を測定する」

これらの実験の結果、約半分のペアで心拍変動が似かよる傾向がみられたことから、飼い主のストレスやリラックスした状態に対し、犬が共感していることがわかりました。

さらに、心拍変動が似た傾向がみられたペアとみられなかったペアを比べたところ、一緒に生活している時間（飼育期間）が長くなればなるほど、心拍変動は似た傾向になり、犬は飼い主により共感しやすいこともわかったのです。

社会状況の変化により人間同士の関係が複雑になっていくなか、犬は人以上に私たちの心を理解し支えてくれる唯一無二の存在なのかもしれません。

犬の心の健康のためにも、感情の起伏には気をつけたいですね。

犬は嬉し泣きをする

家に帰ると愛犬が目に涙をため、しっぽを振りながら出迎えてくれる。そんな姿を愛おしく感じるのは、自分の帰りを喜んでいる仕草を見せてくれるからでしょう。

2022年に麻布大学を中心とした研究チームは、「犬の嬉し泣き」に関する次のような調査を行いました。飼い主と犬が再会したときの犬の涙の量を測定するためのもので、対象としたのは18頭です。

「自宅など、落ち着ける場所で犬の涙の量を測定する⬇飼い主に5～7時間外出してもらう⬇飼い主が帰宅して犬と再会したときにもういちど犬の涙の量を測定する」

この結果、飼い主が外出するときよりも、帰宅して再会をしたときのほうが犬の涙の量が増えていたのです。

さらに追加調査により、飼い主以外の人との再会では涙の量は変化しないこともわかりました。犬は大好きな飼い主と再会するときに、涙を流してまで喜んでいることが示唆されたのです。

また、人間の「涙」は、他者に助けたいと思わせる（庇護《ひご》を促す）効果があると考えられていることから、「再会時の犬の涙も、人間の庇護を促進するのでは？」という仮説が立てられました。この説を調査するため、実験の参加者に「通常の犬の写真」と「涙ぐんだ犬の写真」を見てもらった上で、「世話をしたい」と思う度合いを評価してもらうと、涙ぐんだ犬のほうが世話をしたくなると評価した人が多かったのです。

これらの結果から、犬が飼い主との再会を喜ぶことで涙が増え、その姿を見た人はさらにかわいがりたくなり犬を大事にする——このような関わりを持つことでお互いの絆《きずな》を深めているのではないかと結論づけています。

帰宅時に吠えながら大興奮されると困ってしまうこともありますが、自分の帰りを、涙を流してまで喜んでくれているのだと思えば、少しは寛容な気持ちで受け入れることができるかもしれませんね。

飼い主が不機嫌だと犬はためらってしまう

食べものやおもちゃがある場所を犬に気づかせたいとき、指をさして知らせる。当然のようにこのようなやり取りをしますが、人間とは違う種である犬が、指さしのジェスチャーを見ることで人の意図していることを読みとるのはじつはすごい能力なのです。

指さしのジェスチャーを用いた研究は、数多く行われています。

犬に見られないように二つの容器の一方だけに食べものを隠す→人が指さしたほうの（食べものが入っている）容器を犬が選択するかどうか？　――という方法です。

チンパンジー、馬、狼《おおかみ》など、犬とは違う動物と比較した研究も行われていますが、ジェスチャーに従った回数でいずれも犬が勝ちました。このことからも、犬は動物の中でもっとも人とのコミュニケーション能力が優れていると考えられています。

さらにアメリカでは、指さしジェスチャーを行うときの人の感情が、犬の反応にどのような影響を与えるのかを調査する実験が２０１６年に行われました。

この実験では、「指さしをするだけのパターン」＝ニュートラル、「笑顔で高い声を出しながら指さしをするパターン」＝ポジティブ、「しかめっ面で低い声を出しながら指さしをするパターン」＝ネガティブ、の3パターンに対する犬の反応について調べました。

その結果、ニュートラルとポジティブではすぐにジェスチャーに反応して近づいてきたものの、ネガティブの場合はすぐには反応せず、近づくまで時間がかかったのです。

これらの結果から、人の感情表現が犬の反応に影響を与える+不機嫌な態度で指示をすると、犬はためらって行動しにくくなることがわかりました。

犬は人の感情を読みとる能力が高く、とくに飼い主の怒りやイライラした気持ちに敏感です。「呼んだら来てもらう」「〝おすわり〟と言ったら座ってもらう」など、犬に指示を出して素直に応じてもらいたいなら、飼い主自身も気持ちをコントロールして対応しましょう。

飼い主の束縛が強いと犬は攻撃的になる

「親の接し方や関わり方は子供の成長にどのような影響を与えるか？」

このテーマについて、子育ての分野ではたくさんの研究が行われてきました。最近では「毒親」ということばもよく耳にしますが、「自己肯定感が低くなる」「他人を信用できなくなる」「相手に対して攻撃的になる」など、親の暴力や過干渉などによる子どもへの支配は、成長に対して悪い影響を与えることがわかっています。

人と犬との関係性もこうした親子関係に近いことから、飼い主の接し方が犬の成長や行動に影響を与える可能性もあります。

ハンガリーとオーストリアの共同研究チームは、飼い主と犬の相互作用について調査するため、2016年に次のような研究を行いました。

「8つのシチュエーション（ボール遊び、ロープでの引っ張りっこ、おすわり、フセ、マテなどの指示をするなど）で犬と交流してもらう➡交流パターンを①遊びなどの楽しい状況で積極的にやさしく声掛けをする②犬にストレスがかかっている状況でなだめる③犬に指示を出すなど過度に命令して束縛する――の3つに分類⬇それぞれの犬に見知らぬ人間が腰をかがめて犬の目をじっと見つめながらゆっくりと近づく『社会的脅威テスト』を行い、反応を観察する」

結果、①の交流をされていた犬たちは、見知らぬ人が近づいてきたとき飼い主の後ろに隠れ、③の交流をされていた犬たちは、見知らぬ人に対して攻撃的になる傾向がみられました（※②は相互的関連性なし）。

これらの結果から、ふだんからやさしく接してもらっている犬は飼い主を信頼+自分を守ってくれる存在とみなし、拘束ばかり受けている犬は、飼い主を信頼できないことから自ら身を守ろうとすることが示唆されました。

「犬のしつけ=人の指示をちゃんときかせる」というイメージが強いですが、過度な命令ばかりでは犬もストレスになってしまいます。犬の自発性をやさしい気持ちで受け入れつつ、何かあったらサポートする寛容な接し方が、犬との絆を深めるのです。

犬にも反抗期がある

子犬を飼った経験がある方なら、生後、半年前後を迎えた頃に「大好きだった人や犬が苦手になる」「物音に吠えるようになる」といった、急な変化に困惑したことがあるのではないでしょうか？

犬は生後、半年頃から性成熟を迎え思春期となることで、人間の場合と同じように行動が変化するといわれてきましたが、いままで科学的な裏付けはありませんでした。しかし、2020年にイギリスで行われた研究で、初めて犬の思春期の行動の変化が明らかになったのです。

この研究では、ジャーマン・シェパード、ゴールデン・レトリバー、ラブラドール・レトリバーなどの盲導犬候補の犬を対象に、次のような実験が行われました。

「犬が5か月齢のとき、『飼い主』と『見知らぬ人』が〝おすわり〟を指示し、どれくらい反応するかを調べる➡対象の犬が（犬の思春期にあたる）8か月齢のときも同様に〝おすわり〟に対する反応を調べる」

それぞれの結果を比較すると、8か月齢では飼い主からの指示にだけ反応が低下し反抗しましたが、「見知らぬ人の指示には素直に言うことをきく」という行動がみられたのです。

さらに、5か月齢、8か月齢、12月齢の頃の犬の行動に関するアンケート調査を飼い主に行ったところ、5か月齢や12か月齢に比べて、8か月齢はお留守番など、飼い主が自分の元から離れることへの不安（分離不安）を表す行動が多くみられました。これらの結果は、8か月齢の犬の飼い主に対する従順性の低下と関連していたことから、思春期の犬は飼い主と離れることを不安に感じているものの素直に接することができず、心の中で葛藤していることもわかったのです。

子犬が思春期を迎えた飼い主さんにとってみれば、その行動が変化することで不安や戸惑い、寂しさを感じるかもしれません。しかし、思春期の子犬は心と体のバランスが不安定になりやすいのですから、寛容な目でその成長を見守ってあげましょう。

犬も嫉妬する

片方の犬をかまっていると、もう一方の犬が嫉妬して吠えたり怒ったり……複数の犬と同時に関わった経験がある方にとっては、見覚えのある光景ではないでしょうか？

２０１８年にアメリカで、脳内の変化をリアルタイムで調査できる「ｆＭＲＩ」と呼ばれる医療機器を用いて、犬の嫉妬と脳内の活動の関連についての研究が行われました。

この研究では13頭の犬を対象に次のような実験が行われました。

「他の犬に対する攻撃性を事前に調査➡次の状況で脳の活動を観察＝①犬自身がおやつをもらう　②模型の犬がおやつをもらう状況を見る　③おやつがバケツに入れられる状況を見る」

結果、事前調査で攻撃性が高かった犬ほど、②の状況で嫉妬の感情を司《つかさど》っている脳の扁桃体《へんとうたい》が活発に働いていました。このことから、犬にも嫉妬の感情があることが示唆されました。

また２０２１年、オークランド大学でも、次のような研究が行われました。

「犬をリードにつながれた状態で配置⬇飼い主が少し離れた位置で精巧に作られた犬のぬいぐるみをかまう⬇次に、犬からぬいぐるみが見えないように目隠しを置き、犬のぬいぐるみをかまう⬇それぞれの状況で犬が飼い主に近づこうとしてリードを引っ張る力を測定」

結果、犬のぬいぐるみが見えていなくても、ぬいぐるみをかまう仕草をすると犬は飼い主に近づこうとしてリードを強く引っ張りました。また、犬がライバルとはみなさない〝フリース製の丸い筒〟を相手にして同様の実験を行ったところ、リードを引っ張る力が明らかに弱まりました。これらのことから、ライバルとなる相手（犬）がその場にいるかいないかではなく、ライバルとなる相手と飼い主が交流していることに嫉妬をすることが示唆されました。

多頭飼いの場合、一緒に遊んだり散歩をしたり、ひとまとめにしてしまうことがありますが、個々の犬にとっては飼い主さんを独占したい気持ちが強いのです。時間に余裕のあるときは、それぞれの犬と向き合う時間を設け、嫉妬心を和らげてあげましょう。

しっぽの振り方で気持ちが異なる

私は小学生のころ、しっぽを振っている犬を見て喜んでいると勘違いし、さわろうと手を伸ばして噛まれた経験があります。そのとき初めて「しっぽを振る＝喜んでいるとは限らない」ということを身をもって学びました。

犬はそのときの感情によってさまざまなしっぽの振り方をするので、その振り方を見ただけではすべての感情を読みとるのは難しいものです。しかし、２００７年、イタリアの研究チームが行った研究により、しっぽを振るときの左右の傾きぐあいによって、おおよその犬の感情を読みとれることがわかりました。

研究では30頭の犬を対象に①飼い主、②見知らぬ人、③（唸る、威嚇するなど）支配的な見知らぬ犬、④猫——それぞれと向き合ったときのしっぽの振り方を調査しました。

その結果、①＝右側に傾けて大きく振る、②＝右側に傾けるが①より小さく振る、④＝右側に傾けるが振りが非常に小さい、③＝左側に傾けて振る、といったしっぽの振り方の違いがみられました。これらのことから、犬は「嬉しい」「楽しい」といったポジティブな感情を持ったときはしっぽを右側に傾けて振り、「恐怖」「不安」といったネガティブな感情を持ったときは左側に傾けて振ることがわかったのです。

またこの研究チームは、しっぽの傾きによる感情表現が他の犬にも伝わるのかを調査するため、新たな追加の研究も行いました。

この研究では43頭の犬を対象に、他の犬が右、左、それぞれに傾けてしっぽを振っている映像を見せ、そのときの脈拍数やストレス反応（恐怖や不安を示す行動）を調べました。その結果、右に傾けてしっぽを振っている犬の映像を見せたときよりも、左に傾けて振っている映像を見せたときのほうが、脈拍数とストレス反応の頻度が高かったのです。これらのことから、犬がしっぽを振るのはただの感情表現だけでなく、犬同士のコミュニケーションツールとしても使われている可能性があることが示唆されました。

ふだん何気なく犬のしっぽを振る姿を見ていると思いますが、その傾きぐあいに注目することで、より犬の気持ちに寄り添った関わり方ができるはずです。

犬は人のがんを早期発見することができる

警察犬、救助犬、麻薬探知犬などは、人間の最新技術でも太刀打ちできない優れた嗅覚を発揮して、私たちにさまざまな恩恵を与えてくれています。加えて近年の研究で、犬は人の病気を早期発見してくれる能力を持っていることもわかってきました。

とくに注目されているのが、人間の呼気（吐いた息）や尿の臭いから早期のがんを発見するように訓練された「がん探知犬」です。

2004年にイギリスで行われた研究では、一般の家庭犬に膀胱《ぼうこう》がん患者の尿の臭いを嗅ぎ分けるように訓練し、7検体のうち一つのみが膀胱がん患者の尿という条件で、嗅ぎ分けの実験を行いました。

犬に嗅ぎ分けの能力がなければ、患者の尿を選ぶ確率は統計学上7分の1（14％）になるはずですが、結果は計54回中22回の成功（確率41％）と高い成功率でした。

また、2006年にアメリカで行われた研究では、一般の家庭犬に肺がんと乳がんの患者の呼気と健康な人の呼気を区別する訓練を行い、肺がん患者55人、乳がん患者31人、健康な人83人を対象に嗅ぎ分けの実験をしました。

その結果、肺がんについては感度（病気の人を検出する能力）、特異性（健康な人を検出する能力）とも99％、乳がんは感度88％、特異性98％と、非常に高い精度を示したのです。

さらに、２０１５年にイタリアで行われた研究では、2頭の犬で前立腺がん患者の尿の嗅ぎ分けの実験を行ったところ、1頭の犬は感度１００％、特異性98・7％、もう1頭の犬が感度98・6％、特異度97・6％とこちらも非常に高い嗅ぎ分け能力を示すなど、犬がさまざまながんを嗅ぎ分けられるという研究結果が続々報告されています。

現在では「犬が、がんを嗅ぎ分ける仕組み」についても研究されています。犬の持つ優れた嗅覚によって特定の物質の存在が明らかになれば、がん治療が一歩前進するかもしれません。

第2章　犬の「散歩」の最新知識

飼い主の前を歩かせても上下関係は崩れない

オオカミの群れには階級制度があり、その頂点に絶対的な権限を持つリーダーが存在する——長い間このような誤解がありました。その流れから、オオカミから家畜化された犬も、飼い主に対して階級制度（上下関係）を築こうとすると思われてきたのです。

また、「吠える」「噛みつく」「言うことをきかない」といった犬の問題行動は「上下関係の崩れ」に原因があると誤解されており、問題行動の修正方法や、飼い主がリーダーになるためのしつけの方法として、力や体罰で制圧することが推奨されてきました。

犬との散歩時も例外ではありません。

先頭を歩く者は群れのリーダーであるため、「犬は飼い主の前を歩かせてはいけない」とされてきました。

しかし、近年、野生のオオカミを対象に行ったいくつかの研究では、その社会構造に階級制度や絶対的なリーダーの存在は確認されませんでした。それどころかむしろ人間の家族関係に近いものだったのです。

野犬の群れを対象とした調査でも、群れのメンバーはお互いとても寛容な関係を保っていることがわかりました。

さらには、上下関係を維持するために必要とされてきた、力で犬を制圧するしつけや行動修正法は、問題を改善するどころかより悪化させ、犬の福祉も損なわれるといった研究結果も報告されています。

こうした流れから現在では、犬が人に上下関係を求めることはないとされ、その考えに基づいた「力で制圧するしつけ方や問題行動の修正方法」は否定されています。

常に飼い主の歩調に合わせて歩かされていれば犬にとって散歩は楽しい時間にはなりえません。人と犬の間に上下関係は必要ありませんので、公園や広場といった、とくに誰にも迷惑のかからない場所であれば、自由に散歩できる機会を与えてあげることが犬にとっての楽しい散歩につながります。

また、「人の多い場所」や「車の往来が激しい場所」など、危険が伴う場所では、力で制圧するのではなく、ほめながら歩調を合わせて歩く練習をするのがおすすめです。

散歩中に強く引っ張られる＝コミュニケーション不足

「散歩のときぐらいは自由に歩かせてあげたい。けれど、リードを強く引っ張られたり拾い食いをされたりしては困る……」

そんな葛藤を抱いて困っている飼い主さんも多いのではないでしょうか。

原因はさまざまですが、地面の匂いを嗅ぎながら自分の行きたい方向に引っ張る場合には、犬が周囲の状況を確認しようとする本能＝「探索行動」が関係しています。

これは、気になる対象に近づいて匂いを嗅いだり口に含んだりすることで、それがどんなものかを確認しようとするものです。本能的な欲求なので「引っ張って対象に近づく➡確認できて満足（本能的欲求が満たされる＝ごほうびが得られる）」といった経験を積み重ねてしまうと、気になるものがあるときは、よりいっそう引っ張る力が強くなっていきます。

では、予防するにはどうすればいいのでしょうか。

まず気になる対象に引っ張って近づくことを物理的に抑える（引っ張っても近づくことができないことを学習させる）必要があります。

このとき、首輪にひもがつながれている状態だと引っ張る力を抑えることはなかなかできません。犬の首も締まってしまいます。

有効なのは「引っ張り防止用のハーネス」を用いることです。飼い主が引っ張られる力を軽減でき、犬の首が締まる心配がありません。

また、引っ張りを制限するだけでなく、「歩調を合わせてくれたとき」や「飼い主に注目してくれたとき」などは、ごほうびをあげながらコミュニケーションをとることで、飼い主さんに対するモチベーションを高めていくことも重要なポイントです。

もちろん、いくらごほうびがもらえるからといっても、歩調を合わせて歩くだけの散歩では、犬は十分に満足できません。

「歩調を合わせる時間」を設けつつ、「自由に探索できる時間」や「飼い主と遊ぶ時間」などを盛り込むことで、内容の濃い散歩を心がけましょう。

散歩中に人やほかの犬に吠える＝経験不足

すれ違いざまに人や他の犬に吠えて困っている。これは、飼い主さんからもっともよく聞く相談です。

「吠えると迷惑をかけてしまう」「噛みついてケガをさせてしまうかも……」といった心配を抱えながら散歩をするのは非常に大きなストレスですよね。

散歩中に吠えてしまう原因は、①ほかの人や犬が怖い、②ほかの人や犬が大好き、の二つに分けられます。

①の場合、子犬の頃にほかの人や犬との交流が少ない（社会化不足）などの理由から恐怖心を抱くようになり、自分の身を守るために「う〜」と唸ったり、吠えかかったりします。②の場合は正反対。もともとの性格もありますが、子犬の頃からひんぱんに人やほかの犬と交流していたことから大好きになり、散歩中に自由に挨拶ができないことのジレンマで鼻を鳴らしたり甲高い声で吠えたりします。

また、①は「ほかの犬とすれ違っても怖い思いをしなかった」、②は「ほかの犬とすれ違うときにもっと楽しいことがあった」といった経験がないことも、吠えの改善につながらない要因の一つになります。

ではどうすればいいのか。どちらの場合も、まずは人や他の犬と距離をとって通り過ぎることが重要。相手との距離が近くなればなるほど、恐怖心や挨拶をしたい気持ちが強まってしまうためです。距離がとれないときは、小型犬であれば抱き上げてあげるのもいいでしょう。そして、とっておきのごほうびをなめさせながらすれ違い、相手がいなくなるのを確認してからそのごほうびを食べさせるようにします。ごほうびを用いる理由は、①の場合はごほうびに集中することで恐怖心を和らげる、②の場合は人やほかの犬よりもごほうびへのモチベーションを高めるためです。

小型犬の場合は手でなめさせながら歩くのは大変なので、携帯電話の自撮り棒にコングなど犬用の知育玩具をはめ込み、その中にごほうびを詰めたものを利用しましょう。腰を痛める心配もなくなります。

散歩だけでは犬の運動不足は解消されない

犬の散歩については、多くの飼い主さんが「犬の運動不足解消」を目的に行っていると思います。また、歩く距離や時間を定めて習慣化している方も多いでしょう。

屋内を中心に過ごしている犬にとって、外に出てさまざまな刺激を受けることは気晴らしのためにもとても重要です。しかし、もともと獲物を捕らえるために草原を走り回っていた犬にとって、リードにつながれたまま一定の距離や時間を歩くだけの散歩だけで、本当に運動不足の解消につながるでしょうか？

以前、私が主宰する犬のしつけ方教室「スタディ・ドッグ・スクール」で、①来客時やインターホン、外の音に反応して吠えることで困っている飼い主さんと、②吠えることにとくに困っていない飼い主さん各50組を対象に、「犬と一緒に遊ぶ時間」が1週間でどれくらいあるか、簡単なアンケートをとったことがありました。

その結果、①の飼い主さんは週に平均１４０分だったのに対し、②の飼い主さんは平均282分と、2倍近くも犬と一緒に遊んでいることがわかりました。

人間の子どもは、日中の運動量が少ないと力が有り余って家の中で大騒ぎすることがありますが、犬も同じです。運動不足によってイライラし、落ち着きがなくなったり、過剰に吠えたりすることがあります。アンケートで「吠えに困っていない」と答えた飼い主さんたちは、散歩の時間にただ歩くだけでなく、遊びを取り入れることで犬の運動欲求を十分に満たしていました。そのため欲求が満たされた犬は精神的にも安定し、吠えなどの問題が起こりにくくなったのかと考えられます。

犬は飼い主との遊びの中で、ボールやロープなどを獲物に見立て、追いかけたり噛んで振り回したりすることで、もともと持っている狩猟欲求を満たします。また、「追いかける」「振り回す」といった動きは全身を使うため、ただ歩くだけでの散歩よりも高い運動量が得られます。

散歩はしているけど「落ち着きがない」「過剰に吠える」と悩んでいる方はぜひ、「犬と一緒に遊ぶ時間」をたくさん設けてみてください。

散歩に行くときリードをつけようとするといやがるのはなぜ？

「散歩に行くのは大好きなのに首輪やハーネスをつけようとするといやがって逃げ回る」。このような悩みを飼い主さんから相談されることがよくあります。ひどい場合は、逃げ回るどころか噛みつかれてしまう方まで……。

これから楽しい散歩の時間が始まるのになぜ犬はいやがって逃げ回るのでしょうか？

2015年にチェコで行われた次の研究などにより、その謎は解き明かされています。人が首輪やハーネスをつけるときの仕草＝「犬の上にかがみこむ」「顔を犬の顔に近づける」「犬を凝視する」などの行動が、噛みつきや犬の攻撃行動を誘発することがわかったのです。犬が噛みつく原因のほとんどは、恐怖や不安による自己防衛であることから、このような人の動きは犬に不安や恐怖心を抱かせることも明らかになりました。

また、2016年にアメリカで行われた調査では、飼い主が犬を抱きしめている写真をランダムに250枚選んで犬に見せ、そのストレス反応を調べたところ、81％もの犬でストレス反応が確認されました。

これらの研究結果で裏付けされたように、犬は基本的に「正面から抱かれる・つかまれる」「望んでいないときに抱かれて身動きがとれなくなる」ことを嫌います。

そのため飼い主は「犬の横から抱きかかえる」「捕まらないからといって追いかけ回さない」などの適切な対応を心がけなければなりません。

また「装着するために抱き上げるときはごほうびを与えながら呼ぶ」「知育玩具にごほうびを入れ、装着するまでごほうびを食べさせ続ける」など、犬にとって嬉しいことと結びつけながら装着することで、苦手意識を克服してもらうといいでしょう。

このように、ふだん何気なくやっている動作や接し方が、犬からすると脅威を与えられたように感じられ、結果的に問題行動に発展してしまうこともあります。

人の言うことをよくきくように犬を教育する前に、犬の気持ちに配慮した接し方や関わり方を心がけることが、犬との信頼関係を築くためには必要なのです。

散歩は首輪がいいの？　ハーネスがいいの？

首輪やハーネスにはさまざまな種類があり、愛犬にはどのタイプが合うのか悩んでいる方もいらっしゃると思います。

選ぶ基準の一つとして、「犬に負担がかからないもの」があげられますが、はたして首輪とハーネスでは、どちらのほうが犬への負担が小さいのでしょうか？

２０１６年にイギリスで、首輪とハーネス、それぞれで散歩したときの犬のストレス反応が調査されました。その結果、どちらの場合も反応はみられませんでした。またストレスの度合いについても、とくに差はみられませんでした。

しかし、この研究では問題行動がない犬が対象となっていたため、「散歩中に引っ張る」などの行動がみられる犬の場合には話が変わってきます。

引っ張り癖のある犬に首輪を用いると、気管がつぶれ、「気管虚脱」を発症する可能性があるためです。これは呼吸困難になることもあり非常に危険。その場合はハーネスを使用したほうが犬の体にかかる負担が軽減できます。

ここで気をつけたいのがハーネスの種類です。

2021年にオーストラリアで行われた研究では、引っ張り癖のある犬の場合、背中にリードをつけるタイプのハーネスだと、首輪のときよりも引っ張りが強くなることが明らかになっています。これでは犬はもちろんのこと、飼い主さんもより引っ張られて大変な思いをするというさらなる問題が生じてしまいます。

そこで、人も犬も負担がかかりにくくなるアイテムとしておすすめなのが、「らくらくハーネス」のような引っ張り防止用のハーネスです。リードを胸につけることによって引っ張りを制御してくれるため、犬の首が締まらず負担も小さくなります。

お互い楽しい散歩の時間を過ごすために、「首輪」「ハーネス」どちらの場合においても、飼い主さんにも愛犬にも負担がかからない、適切なアイテムを選ぶようにしましょう。

散歩中に挨拶したり遊んだりする犬の友達ができたほうがいいの？

「散歩中に挨拶したり遊んだりする犬友達ができない」といった悩みの相談は、非常に多くの飼い主さんから寄せられます。

大切な愛犬を思えばこそ「寂しいのではないか？」と心配になりますが、犬友達ができない犬は本当に不幸なのでしょうか？

先述したように、飼い主と犬との関係は人間の親子関係に近いと考えられるようになったことから、近年さまざまな研究が行われるようになりました。

その結果、犬も飼い主に対して、人間の乳幼児期の子どもが養育者（とくに母親）に示すような愛着行動＝「姿を見失わないように後追いする」「抱きつく」「泣く」などと類似した行動をとることが明らかになりました。飼い主は犬にとっての心のよりどころ（安全基地）の役割を果たしている非常に大切な存在であることがわかったのです。

さらに２０１５年、アメリカで行われた研究において、目覚めた状態でも脳の活動が調べられるようにトレーニングされた犬を対象に、①飼い主、②知らない人、③なじみのある犬、④知らない犬、⑤犬自身、それぞれの匂いを嗅いだときの脳の反応が調べられました。その結果、ごほうびをもらったときなど、嬉しいときに反応する脳の部分（尾状核《びじょうかく》）が、飼い主の匂いを嗅いだときにもっとも活性化されたのです。

これらの研究からわかるように、犬は同じ種である犬同士よりも、自分のことを守って大切に育ててくれる飼い主に対して情緒的なつながりを求め、高い期待を持つ動物なのです。私が主宰する「しつけ方教室」に通う犬を見ていても、ほかの犬よりも飼い主やかわいがってくれるトレーナーに対して愛着を示し、一緒に遊びたがる状況が圧倒的に多くみられます。

結論、犬友達がいなくてもあまり心配することはないかと思います。

個性によっては「他の犬との交流を好まない犬」も多いです。友達ができないからといって無理につくろうとするのではなく、一緒に遊んだり、たくさんの世話をしてあげたりすることで、愛犬にとって飼い主さんが特別な存在になってあげましょう。

散歩から帰ってきたら足を洗ったほうがいいの？

日本は家の中で靴を脱ぐ文化なので、足の汚れに敏感な飼い主さんが多く、散歩から帰ったら必ず犬の足を洗う方がいます。家で一緒に住んでいる場合はなおさらです。しかし犬の皮膚は人間よりも薄く弱いため、洗いすぎると足裏や指の間にある脂や常在菌がとれてしまい、乾燥したり、炎症を起こしたりすることがあります。さらに洗った後の乾燥が十分でないと、足裏が蒸れるため犬が気にしてなめてしまい雑菌が繁殖、よりいっそう荒れてしまうことも……。

とくに汚れが目立たなければ、濡れたタオルで拭く程度にしたほうがいいでしょう。

また、拭き方にも注意が必要です。しっかり汚れを落とそうとゴシゴシ拭いてしまうと皮膚が傷ついて皮膚病の原因になってしまいます。また、足先が敏感な犬にとって、強く拭かれることは痛みを伴う嫌な経験になり、足を拭くこと自体を拒否するようにもなりかねません。

とくに小型犬の場合は重心が不安定で抱き上げて拭く必要があるため、「正面から抱かれる・つかまれる」「望んでいないのに抱かれて身動きがとれなくなる」といった、犬にとって脅威を感じる状況になります。それにもかかわらず、さらに痛みが伴うように拭いてしまえば、足を拭かれることがますます嫌いになるのは当然です。

犬が痛がらないようにやさしく、時間をかけずにさっと拭いてあげましょう。汚れがすぐにとれやすい足ふき用のウェットティッシュを活用するのもおすすめです。

また、過度に洗ったり拭いたりしなくても済むように、足の裏の毛をカットしておくことも有効です。もちろん、カット自体が犬にとってストレスになってしまっては本末転倒。ごほうびを用いてよい印象を与えながらカットしましょう。難しい場合は無理をせず、トリマーなどのプロにお任せしましょう。

衛生面に配慮することは大切ですが、犬に過度なストレスを与えないように工夫することも必要です。

雨の日でも散歩は必要？

散歩するとき、困ってしまうのが雨の日。とくに梅雨の時期は苦労している飼い主さんが多いと思いますが、工夫次第で散歩をしなくてもよくなります。

雨の日でも散歩に行かなければならないときの理由は、大きく分けると二つ。

①「排泄をさせるため」と②「運動不足の解消や気晴らしのため」です。

①の場合、室内で排泄できるようになれば問題は解消されます。

外だけで排泄をさせることが習慣づいてしまうと、再び室内で排泄をすることが難しくなるため、子犬の頃から室内で排泄を済ませてから散歩に行く習慣を崩さないことが重要です。すでに室内で排泄しなくなっている場合は、ベランダや屋根がついた駐車場、雨よけのついた軒先などに、ペットシーツの上に何枚か人工芝を敷いたものを準備し、その上で排泄をするように促してみましょう。

その際、人工芝の上に土や落ち葉などを敷いておくとさらに排泄をしやすくなります。

人工芝の上で排泄することに慣れたら、それを外してペットシーツの上で排泄→室内に置いたペットシーツで排泄――といった流れで、トイレの再教育を行うと効果的です。

②の場合は、室内の遊びを充実させることで運動不足などの欲求不満を解消させてあげることが可能です。最近は、嗅覚を使っておやつを探す「ノーズワークマット」や、中に入れられたおやつを遊びながら食べる「知育玩具」といった、室内でも遊べるアイテムがたくさん販売されているため、ぜひ試してみましょう。

ホームセンターやショッピングモールなど、屋内に犬を連れていける場所も増えてきているので、一緒に出掛けることで気晴らしにもなります。

雨の日の散歩は犬だけでなく飼い主さんにも危険が伴います。

また、濡れてしまった犬を拭くのはとても大変な上に、十分にケアできていないと愛犬が体調を崩し病気になってしまうこともあります。

室内での排泄ができるようになったら、無理して散歩に行く前に、雨の日でも楽しみながらストレス・運動不足が解消できる方法を探してみましょう。

第3章　犬の「遊び」の最新知識

犬は飼い主と協力しあって遊びたい

子どもの頃のほうが人懐っこく、飼い慣らしやすいのが哺乳類。犬の祖先であるオオカミを家畜化するときも、子どもっぽい性質を持った成獣を選んで選択交配を繰り返してきました。

そのため、犬は子どもらしさを残したまま成長するようになったのです。

このような進化の過程のことを「幼形成熟（ネオテニー）」と呼びます。

いつまでも子どもっぽさが残る犬は、大人（成犬）になってからも犬同士や人との遊びを好む傾向があります。しかし、２０００年にイギリスで行われた研究では、その目的が異なることがわかりました。

「人と犬」、「犬と犬」、それぞれの遊びの中で見せる犬の行動を分析した結果、犬同士で遊んでいるときよりも人と遊んでいるときのほうが「自分がおもちゃを所有することをあきらめる」「相手（人）にプレゼントをする」といった行動がひんぱんにみられたのです。

また、遊びの目的が一緒なら犬同士で十分に遊べば人とは遊ばなくなるはずですが、それでも「人との遊び」に対するモチベーションは下がりませんでした。

つまり、犬は遊びの中に「人と一緒に何かをしたい」という目標を持ち、それを達成するために注意を払い、人の行動を考慮して自分の行為を選ぶ――といった協力的な行動を示すことが示唆されたのです。

犬は長い間、人と協力して狩りを行うことで、人に対する協力的な行動を身につけてきました。狩りという共通の目的を成功させるために共存してきたのです。そのための仲間として、同種である犬以上に人との絆を深めるようになったのだと考えられます。

犬が大人になっても飼い主と遊びたがるのは、ただ楽しみたいだけでなく「遊びを通して大好きな飼い主さんと協力しあい、一緒に目標を達成したいから」といっていいでしょう。

遊びは飼い主と犬の絆を深める

前述したように、犬は大人になっても飼い主さんと遊ぶことが大好きです。

生理的評価（犬の行動的評価と体内のホルモンを測定した評価）を組み合わせた研究では、遊んでもらうことに幸せを感じ、絆を深めていることも明らかになっています。

２０１１年、麻布大学で行った実験では、飼い主さんが犬におやつやごはんを与えたり、遊んであげたり、なでるなどのスキンシップをしてあげると、体内のオキシトシンが上昇することがわかりました。

オキシトシンは、食事の際や、パートナー・配偶者との接触、マッサージを受けて気持ちよく感じた際に増加するなど、リラックスや安堵《あんど》に伴う幸福感に関係していることから、「幸せホルモン」として知られています。

また、イギリスのテレビ番組「ＢＢＣドキュメンタリー」で行われた犬と猫の科学的実験では、犬が飼い主と遊んだときのオキシトシンの上昇率は、猫が飼い主と遊んだときの5倍も高かったと報告されていることから、犬は飼い主と遊ぶことに対して非常に幸せを感じていることがわかります。

さらに、2015年に麻布大学で行われた追加研究によって、犬のオキシトシンが上昇しているときは飼い主を見つめる頻度が増え、見つめられた飼い主の体内でもオキシトシンが上昇することがわかりました。

オキシトシンは、互いの絆を形成するためにも必要なホルモンです。「飼い主が犬と遊ぶことで犬の飼い主への視線が増え、お互いのオキシトシンが高まり絆が深まる」といえるでしょう。

もちろん、犬の好む遊び方をしなければ、喜んでくれないしオキシトシンも上昇しません。お互いの絆を深めるためにも、犬の特性に配慮した好ましい遊び方を理解する必要があります。

次のページからくわしくご紹介していきます。

犬は「狩りを真似た遊び」が大好き

追いかけっこや取っ組み合いなど、犬は実際の狩りで行われる行動を模倣した遊びが大好き。ほかの動物同士で物を使って遊ぶことはほとんどありませんが、犬が飼い主さんと遊ぶときは例外であり、おもちゃを獲物に見立て〝狩り〟を楽しんでいるのです。

犬が狩りをするときの動作は次のような流れです。

「①体勢を低くして獲物に近づき、走り出して獲物を追いつめる➡②獲物に飛びかかり首などに噛みつく➡③噛みついたまま獲物を振って、とどめを刺す➡④皮を引き裂いて肉や内臓を食べる」

そのため、おもちゃで遊ぶ際も次のような流れで遊んであげると、狩りを模倣することになり、より楽しめるでしょう。

「①地面を這って逃げるようにおもちゃを動かす（獲物に近づく、獲物を追い詰める）➡②ある程度追わせたらおもちゃを噛ませる（獲物に噛みつく）➡③おもちゃで引っ張りっこをする（とどめを刺す）➡④おもちゃを与えてひとりで噛ませてあげる（とらえた獲物を食べる）」

またこのとき、おもちゃをくわえている口元に手が近づきすぎると「取り上げられてしまうのではないか」と不安になってしまいます。引っ張りっこ用のおもちゃは人が持つところと犬が噛むところがしっかりと分けられ、ある程度距離が離れている「ロープ」や「ひも付きのボール」がおすすめです。

おもちゃを回収したいときは動きを止めてじっと待つのがコツ。犬は引っ張られると引っ張り返したくなる習性があり、無理に取り上げようとするとさらに引っ張っておもちゃを返してくれなくなります。動きを止めると引っ張りっこがつまらなくなるため、自然と口からおもちゃを出してくれます。その瞬間、「いい子」などのほめことばをかけながら遊びを再開すると、動きを止めるだけで離すようになり、離した瞬間に「ちょうだい」などの声をかけると、ことばの指示だけでおもちゃを返してくれるようになります。

「狩りをしたい」という本能的な欲求を飼い主さんが発散させてあげることが、犬にとって〝遊びの醍醐味《だいごみ》〟につながります。お互い楽しみながら実践しましょう。

目的に応じたおもちゃの使い分けしていますか?

愛犬が楽しく遊ぶためには、その子に合った適切なおもちゃを選ぶことも大切です。犬のおもちゃはまず前提として、①飼い主と一緒に遊ぶもの、②ひとり遊び用のものに分けられます。

①の場合、代表的なのは引っ張りっこするおもちゃです。注意点をいくつかあげます。犬は目の構造上100センチ以内のところに焦点を合わせることが難しいため、ボールのような小さいおもちゃで引っ張りっこをすると、犬の歯が飼い主の手に当たってしまうこともあります。前述した「ロープ」のようなおもちゃが最適です。

硬すぎるものは歯が食い込まず、引っ張って遊びにくいので避けましょう。大きすぎるのもNG。そもそも噛むことができません。

噛む力が弱い小型犬の場合は、ぬいぐるみのような柔らかく歯が食い込みやすい素材のもので、その子の口に収まってしっかりと噛める太さのものを選びましょう。

また、犬が犬同士で遊ぶときはお互いの体を噛みあう習性があるため、犬とおもちゃを使って遊んでいても飼い主の体を噛みたがることがあります。その場合は「ハッピーシェーキー」のような動物の体を模したパペット型のおもちゃを使うと、犬の欲求も満たされ、お子さんでも楽しく遊ぶことができます。

②のおもちゃは、留守番など飼い主が犬から目を離す際に使用するもの。ただ置いておくだけだと遊ばないため、食べながら遊ぶことができる知育玩具がおすすめです。代表的なものはやはりコングでしょう。これにもさまざまな種類があります。

誤食を防ぐために壊れにくい素材のものや大きさを選ぶことです。飼い犬が噛めて遊べる程度の硬さのものにするのも重要です。噛めないと硬くて遊ばなくなります。

たくさんのおもちゃが売られていますが、噛みやすいおもちゃを選ばないと「狩りをしたい」という犬の本能的な欲求も十分に満たせません。その子に適したおもちゃを選んであげることで、飼い主との遊びが犬にとってより魅力的になります。

おもちゃの出しっぱなしはNG！

飼い主さんの自宅に訪問すると、ぬいぐるみやロープ、ボールなど、犬におもちゃを与えっぱなしにしているのをよく見かけます。「退屈だとかわいそうだから」「すぐに遊べるように」と愛犬を想ってのことでしょうが、壊れやすいおもちゃを出しっぱなしにすることは危険が伴うので注意が必要です。

子犬の頃に多い事故として、「誤飲・誤食」があげられます。

ぬいぐるみやロープなどのおもちゃは、噛んでいるうちに切れて徐々に小さくなったり、糸がほつれて飲み込んでしまったりする危険があります。そうなると消化ができずに食道や胃、腸に詰まり命に関わる危険な状態になり、場合によっては開腹手術で取り出さなければなりません。

ボールなど塩化ビニル製のおもちゃは、噛むことで形状が変わるため飲み込みやすく、飲み込んでしまうと体に有害な化学物質が発生してしまいます。

さらに、手元に置いてあるおもちゃに飼い主が近づくだけで攻撃的になる「所有性攻撃行動」といわれる問題行動に発展してしまうことも……。これは、たまたま近くを通っただけなのに「取られてしまうのではないか?」と不安を感じ、おもちゃを守ることを偶発的に学習してしまうことが原因です。

そのため、おもちゃを与えっぱなしにするときには知育玩具をおすすめします。食べものを詰めて与える知育玩具は天然のゴム素材で作られているものが多く、弾力性があり壊れにくい。適切な大きさのものを選べば飲み込みにくいですし、多少ちぎれて飲み込んでも有害物質が発生しづらく比較的安心して与えることができます。

また、飼い主が手に取ったときに「取り上げられる」という不安よりも「大好きな食べものをもらえる」という喜びのほうが勝るため、所有性攻撃行動に発展しづらい傾向があります。

もちろん、日頃から「劣化していないか?」「適切なものを使っているか?」「洗浄してきれいに使っているか?」など気をつけないといけませんが、飼い主がかまってあげられないときの犬の〝退屈しのぎのおもちゃ〟としてうまく活用しましょう。

「甘噛み」と「本気噛み」はまったくの別物

子犬は飼い主さんの手や足をよく甘噛みしてきますよね。じゃれているだけとわかってはいるものの、興奮状態で痛みを伴うほど噛まれると、「将来本気で人を噛むようになるのではないか」と心配する飼い主さんも少なくありません。

甘噛みは「遊び関連攻撃行動」と呼ばれます。犬の場合、子犬の頃は口を使って遊ぶ傾向が高く、犬同士でもお互いの体を噛んで遊びます。飼い主さんを噛んで遊ぼうとするのも自然なことであり、成長と共にその頻度は減っていきます。

一方、犬は不安や恐怖を感じたときに人に本気で噛みつくことがあります。「食べもの」「寝床」「おもちゃ」など、生きていくための本能を満たすのに必要なもの（資源）を奪われるかもしれないと不安を感じた際に、守ろうとして攻撃するのです。

また「力ずくで押さえられる」「体罰を受ける」などの危険を感じる状況では、自分の身を守るために噛みつくこともあります。

このように本気で噛むような問題行動が生じるのは、「子犬の頃からの社会化不足」「飼い主からの体罰」「犬の習性を考慮していない不適切な対応」など、犬に不安や恐怖を与えてしまっていることが原因。子犬の頃の甘噛みの有無は関係ありません。

とはいうものの、子犬の乳歯はとくに尖っていて噛まれると痛いため、甘噛みといえども困りもの。「噛んで遊びたい気持ち」を発散させてあげることが必要です。

前述したように、ロープのおもちゃなどでたくさん遊んだり、知育玩具でひとりで噛んで遊ぶ機会を与えてあげたり、日頃から噛みたい欲求を十分に満たしてあげましょう。

とくにケージに長く入っていたり、お留守番など退屈な時間が続いたりした後は、まずは飼い主さんが一緒に遊んであげることです。

子犬は動くものに興味を持ち、噛んで遊ぼうとするので、「長い髪の毛は結ぶ」「ひらひらした服は犬の前では着ない」といった配慮も大切です。

また、自分の手を使って子犬と遊ぶ方もいますが、それでは人の手は噛んでもいいことと教えてしまうようなもの。必ずおもちゃを介して遊び、日頃から手でおやつなどのごほうびをあげる習慣をつけると、手を噛むことはなくなっていきます。

遊びの最中に「う〜」と唸るのは怒っているから？

ロープなどのおもちゃで引っ張りっこをして遊んでいると、犬が「う〜」と唸りながら激しくロープを振り回すことがあります。このような姿を目にすることも、「甘噛みをしているとやがて本気で人を噛んでしまうようになるのでは？」と心配になってしまう要因の一つかもしれません。

多くの人は、「犬が唸っている＝威嚇や警戒をしている」と思われていることでしょう。しかし、遊びの最中や相手の関心を高めるためにも唸ることがあります。もちろん、その唸り方には異なります。遊びの中で発する唸り声は、高い音域で短い唸りが何度も繰り返されます。一方、威嚇や警戒で唸っているときは低い音域で、1回の唸りが長く続きます。

また、威嚇時は、「動きを止める（フリーズする）」「首から背中の毛が逆立つ」「犬歯を見せる」のに対し、遊びの場合は、「楽しそうにしっぽを大きく振り、絶えずおもちゃを引っ張り続ける」など、体の表現も異なってくるもの。このように犬の体全体の様子を合わせて観察することで、違いを明確に区別することができるはずです。

「う〜」とうなりながら獲物に見立てたおもちゃを噛んで狩りの真似事をするのは、小さな男の子がヒーローになり切って「トオーッ！」と興奮しながら声をあげて楽しむ、「ごっこ遊び」のようなものなのかもしれません。

見ていてほほえましくあるものの、遊びの中での興奮の度合いには注意が必要です。唸る声の大きさや頻度が増えるほど遊んでいるときの興奮度も増すわけですが、そうなるとおのずと遊び方も激しくなってきます。激しくおもちゃに噛みつこうとしたり振り回したりすれば、飼い主の手に歯が当たったり、おもちゃと一緒に振り回されてしまうこともあります。どの程度の興奮状態まであれば、うまく遊び相手ができるのかを飼い主自身が見極めておかないと、ケガにつながってしまうのです。

　自身のキャパシティーを越えそうになったときは、いったん遊びを中断して落ち着かせてから再開するなど、犬の興奮をうまくコントロールしてあげましょう。

引っ張りっこは勝ってはいけない

先述したように、引っ張りっこなどの遊びは、優位性を保つために「最後は飼い主が勝っておもちゃを取り上げなくてはいけない」とされてきました。

しかし、そもそも上下関係を求めていない犬が、飼い主との遊びの中で勝ち負けを意識しているわけがなく、2002年にイギリスで行われた研究でも、遊びでの勝ち負けは犬の優位性に影響しないことが明らかになりました。

この研究では、家庭犬として飼われていた14頭のゴールデン・レトリバーを対象に実験が行われました。

まず、1回につき3分ずつ、犬と引っ張りっこ遊びをして最後は犬に勝たせる（犬が勝つセッション）を1日2回、12日間の計24セッションを行い、その後、今度は逆に「人間が勝つセッション」を同じように行いました。そして、それぞれの実験を行う前後で、犬の優位性の指標になる52の項目をチェック。引っ張りっこ遊びの勝ち負けが犬の優位性にどのような影響をもたらすかを調査しました。その結果、遊びの中で人が勝っても負けても、犬の優位性に何の影響も与えていなかったことがわかったのです。

それどころか、飼い主がわざと遊びに負けてあげることで、トレーニング中の飼い主への集中力や遊びをおねだりする行動が増えました。お互いの関係が良好になり、いままで言われていたこととは正反対の結果が得られたのです。

犬はおもちゃを獲物と見立てることで狩りを真似て遊んでいるので、捕らえた獲物（おもちゃ）を取り上げられてしまっては楽しむことができません。最後におもちゃを渡してあげることで狩りを〝完了〟させてあげることが犬にとってのごほうびになったのでしょう。


引っ張りっこなどの遊びは、飼い主と犬が協力しあいながら狩りを疑似体験して楽しむコミュニケーションツールです。

勝ち負けにこだわるのではなく、「獲物を捕らえたい」という犬の本能（気持ち）を尊重しながらお互いが楽しむことが大切です。

「投げたおもちゃを犬がよろこんで持ってくる」＝人の妄想

漫画でよく表現される「飼い主が投げた木の棒を犬がひろって持ってくる」というイメージが強いためか、多くの人が、犬は教えなくても投げたおもちゃを自然に持ってくると思い込んでいます。

投げたものを持ってくる習性が強いのは、ゴールデン・レトリバーやラブラドール・レトリバーに代表されるレトリバー犬種。「レトリバー＝回収する」という意味です。これらの犬種は狩りで撃ち落とした鳥を追いかけて行って回収する目的で改良されてきたため、教えなくても自然に投げたおもちゃを追いかけて飼い主のもとへ持ってきてくれることが多いのです。

しかし、ほとんどの犬は追いかけはするものの、飼い主のもとまで持ってこようとはしませんし、持ってきたとしてもなかなか渡してくれません。

基本的に犬は遊びの中で狩りを模倣していることから、飼い主のもとに持っていくよりも、捕らえたおもちゃをひとりで噛んで遊ぶのを好む習性があるためです。

それでは、おもちゃを持ってきてくれるように教えるためにはどうすればいいのか。まずは飼い主と一緒に引っ張りっこ遊びをする喜びを教えてあげることが重要です。引っ張りっこが楽しくなれば、投げたおもちゃを飼い主のもとまで持ってきて、引っ張りっこをせがむようになります。

その際、使用するおもちゃの形状が大切。投げたものを持ってきてもらいたいからといきなりボールのようなおもちゃで引っ張りっこをしてしまうと、飼い主の手に歯が当たりやすいだけでなく、犬がくわえているおもちゃを口から取り出されてしまうのではないかと不安に感じ、渡してくれなくなります。

将来的に犬と一緒にボール投げの遊びをしたい場合でも、ひも付きのボールのように噛むところと持つところが分かれているおもちゃを使用して、まずは犬が安心して引っ張りっこを楽しめるように慣らしてあげましょう。

持ってきたボールを渡してもらうときは、ひもを持ってあげれば犬は安心して離してくれます。

犬が遊びに乗ってくる「サイン」がある！

犬がほかの犬を遊びに誘うとき、頭を低く下げて前足を前に伸ばし、お尻を高く上げるポーズをとっているのを見たことがありませんか？

「プレイバウ（Play Bow）」と呼ばれるこのポーズ。じつは、人が真似しても、犬は遊びの誘いに乗ってくれることが、２００１年にイギリスで行われた研究で明らかになりました。

この研究では初めに、飼い主がふだん犬を遊びに誘うとき、どのようなアクションをとっているのかを撮影・調査しました。その結果、多くの飼い主が「床を軽くたたいて音を出す」ことで遊びに誘っていましたが、誘いに乗った犬は約4割（38％）にとどまりました。また「犬にキスする」「犬を持ち上げる」「犬の鳴き声の真似をする」にいたっては、誘いに乗った犬はゼロでした。

それでは、もっとも犬が遊びの誘いに乗った飼い主のアクションとはなにか。それは

「お辞儀をする」「犬に向かって素早く近づいたり離れたりする」動きで、いずれも参加したすべての犬が誘いに乗って遊びだしたのです。

犬同士の遊びでも、相手に向かって素早く近づいたり離れたりする行動はみられますし、人のお辞儀の動作はまさに「プレイバウ」に近いことから、これらの動きは人と犬の共通したボディランゲージなのかもしれません。

また、さらに興味深いのが追加で行われた実験です。高い声で「おいで、おいで」と言いながら先述した二つのアクションを示したときと、声をかけずにアクションのみ示したときの犬の反応を比べたところ、声をかけたときのほうが、遊びの誘いに乗りやすいことがわかったのです。

ふだん犬と遊んでいても、つまらなそうにおもちゃを動かしているだけでは、犬は喜んで遊んでくれません。おもちゃだけに頼るのではなく、犬が遊びの誘いに乗ってくれるように体を動かしたり声をかけたり、飼い主自身も遊びを楽しみつつ、テンションを高めていくことが大切です。

遊ぶことで犬の記憶力が高まる

遊びは犬との絆を深めるだけでなくトレーニングの効率性を高める効果もあります。

2017年にオーストリアで行われた研究で、トレーニング後の遊びが犬の記憶力を向上させることが明らかになりました。

この研究では、16頭のラブラドール・レトリバーを対象に次のような実験が行われました。

参加した犬を「Aグループ＝テスト後に遊ぶ」「Bグループ＝テスト後に休憩させる」に分ける⬇見た目と匂いが異なる二つの物体を用意。片方を正解にしてそちらを選んだらごほうびを与えるテストを行う⬇テストは10回／1セッションで行い、2回連続で正解率が80％を超えたら合格として終了⬇テスト終了後、Aグループ＝20分自由に歩かせる＋10分引っ張りっこなどで遊ぶ。Bグループ＝30分間休憩させる⬇翌日同じテストを行い、それぞれのグループで合格するまでのテストの回数を比較。

その結果、Ｂグループでは合格するまでの回数が平均43回だったのに対し、Ａグループは平均26回で合格したのです。翌日のテストは最短20回で合格できますが、Ａグループは24回と非常に速い回数で合格したため、Ｂグループに比べて前日のトレーニング内容をより正確に覚えていたと考えられます。

さらに研究グループは、この犬たちがどれだけ長期間、テストの内容を覚えていたかを調査するため1年後に同一のテストを行いました。

すべての犬はテストの内容と同じようなトレーニングは行っていませんでしたが、Ａグループに所属していた犬たちは、Ｂグループに比べ合格するまでの回数やまちがった回数が少なかったのです。これらの結果から、学習直後の遊びは短期的だけでなく、長期にわたって記憶を増強する可能性が示唆されました。

私が犬のトレーニングを学んでいた20年以上前、災害救助犬の訓練士さんから「トレーニングの最後は遊んで楽しい印象で終わらせることが大切」と指導を受けました。長年の経験で培われた技術が、研究によって裏付けられたのはとても興味深いことです。

第4章　犬の「食事」の最新知識

犬が「食べものを丸呑み」する理由

犬を飼ったことがある方なら「食べものを噛まずに丸呑みする」という習性についてはすでにご存知でしょう。

もともと犬は、野生で群れの仲間と狩りをして獲物を捕らえていました。その際、群れの仲間に食べものを多く取られないように噛まずに丸呑みして急いで食べていましたが、現代の犬もその習性が残っているのです。

心配する方もいますが、犬は丸呑みをしても平気な体の構造になっています。

人間がよく噛んで食べるのは、唾液に含まれるアミラーゼという酵素によって、食べものに含まれるデンプンを口の中で消化するためです。しかし、犬の唾液にはアミラーゼが存在せず、胃から消化が始まり小腸からアミラーゼが出始めるため、食べものを消化するために咀嚼《そしゃく》をする必要がない。

また、犬の歯は食べものを引き裂くために先がとがった形をしていて、アゴもすりつぶすような動きができない仕組みになっています。歯やアゴの構造自体が食べものをそのまま飲み込むようにできているのです。

噛まずに急いで飲み込む習性は、食べものをめぐる問題行動に発展してしまうこともあります。とくに多頭飼いの場合。食事を与える際に、先に食べ終わった犬が食べ終えていない犬に近づくと、残っている餌をめぐって喧嘩に発展しがちです。食事をめぐる攻撃行動のことを「食物関連性攻撃行動」と呼びますが、非常に激しく攻撃をしあうため、ときには大きなケガを負ってしまうことも……。

一緒に飼っている犬が並んで食事をしている光景はとてもほほえましいですが、犬たちにとっては、「餌をとられるのではないか」と気が気ではありません。

それぞれが安心して食べられるように、離れた場所で食事を与え、食べ終わっても近づかないように配慮してあげるとより楽しく食事ができるでしょう。

犬の食事、1日のベストな回数とは？

環境省が推奨している「飼い主のためのペットフード・ガイドライン」によると、望ましいとされている成犬の食事回数は1日2回。1日1回だけの場合だと、「慌てて飲み込んでのどに詰まらせやすい」「肥満になりやすい」ためです。

しかし、食事の回数はさらに小分けにしたほうがメリットはあります。

前述したように、犬の食べ方は基本的に噛まずにそのまま丸呑み。加えて人や他の動物よりも脳の満腹中枢の反応が鈍く、食べても満足感が得られにくい。一度に食べる量に違いがあっても満足感はあまり変わりません。そのため一度にたくさん与えるよりも、同じ量を小分けにし、回数を分けてあげたほうが犬の満足感は高まるのです。1日の食事回数については、こうした犬の特徴をうまく利用しましょう。

おすすめは1日分の食事をしつけなどのごほうびとして小分けにして与える方法です。たとえばドッグフードの場合。朝ごはんの半分の量を「散歩中に歩調を合わせて歩いたときのごほうび」として1粒ずつ与え、残りの半分をお留守番中の退屈しのぎとして知育玩具に詰めて与える。これだけでも、本来1回で食べ終えてしまう朝ごはんをたくさんの回数に分けて食べることができるため、犬の満足度や楽しさが増します。

知育玩具に詰めて与えると、「すぐに食べられないのでストレスになるのでは？」と心配される方もいます。しかし「コントラフリーローディング効果」といって、動物は苦労せずに食事を得るよりも試行錯誤して得ることを好むもの。こうした食べ方のほうが留守番の時間も楽しんで食事をすることができるのです。知育玩具で遊びながら食べる回数が増えればそのぶん消費カロリーも増えるため、肥満の防止も期待できます。

ただおいしいものを食べるだけではなく、「どのように食べるのか」も食事の喜びには大きく関わってきます。人間が女子会や飲み会などで気の合う友達と楽しみながら食事をするように、「飼い主さんとコミュニケーションをとりながら食べる」「知育玩具に詰められた食事を試行錯誤しながら食べる」など、回数にこだわることなく犬が楽しめる与え方を工夫してみましょう。

犬は「臭い食べもの」が好き

愛犬がおいしそうに食べているのは、飼い主さんにとっても喜ばしい姿だと思います。それでは、はたして犬はどのような食べものを好む傾向があるのでしょうか？

動物が〝ある食べもの〟を好んで食べるかどうかを表す指標のことを「嗜好性《しこう》」といい、「味」「食感」「匂い」など、その食べもの自体の要因によって影響を受けます。人間も鼻をつまんで食べたらおいしく感じないように、匂いも食べものの嗜好性に大きく関わっているのです。そのためもともと優れた嗅覚を持つ犬は、チーズや納豆など匂いの強い発酵食品を好む傾向があります。ドッグフードをお湯でふやかすとよく食べるのは、香りの分子の揮発《きはつ》性が高まることで匂いをより強く感じ、嗜好性が高まるためです。

味に関していえば、犬の舌には果糖やショ糖など甘いものに反応する「味蕾《みらい》（味を感じる器官）」がもっとも多く存在するため、果物などを好む傾向があります。

さらに、肉の味と関係の深い「核酸《かくさん》」に反応する味蕾も多くあり、タンパク質含量が同じ食べものの場合は、穀物が主体のものよりも肉を主体とした食事を好みます。肉の種類としては、牛肉↓豚肉↓ラム肉↓鶏肉↓馬肉の順番で好むとも言われています。

次に食感について。犬は柔らかく弾力性があり、みずみずしい食感のものを好みます。そのため、乾燥したものと茹でたもの、両方の鶏のササミを同時に与えると、茹でたほうから食べる傾向があります。

また人間でも緊張したときは、食べものがのどを通りにくくなりますよね。そんなときはゼリーなどのど越しのよいものを食べたりします。これは犬も一緒で、緊張しているときは固形のおやつは食べなくても液体状のものは食べることがあります。病院の診察時など、緊張を緩和させてあげたいときは液体に近いおやつを与えたほうが嗜好性も高く、焦って食べてのどに詰まらせることも防ぐことができるでしょう。

大きすぎる食べものは好まない傾向もあります。犬は基本的に丸呑みをするため、水分含量が多く、のど越しのいい食べものをより好むといえます。

ごはんを食べなくなるのは「必要としていないから」

犬の食事に関して「おやつはよく食べるのに主食のドッグフードは食べムラがある」といった相談をよく受けます。おやつばかりだと栄養が偏ってしまいますし、犬は与えたものはすぐに食べてしまう「食いしん坊」のイメージが強いため、ドッグフードをあまり食べないと「病気なのでは？」と心配になってしまう気持ちもわかります。

しかし、前述したように犬は満腹中枢の反応が鈍く、食べる量をコントロールしづらい一方で、一般的に動物には摂取エネルギーを一定に保とうとする生理機能もあります。お皿にキャットフードを入れっぱなしにしていても猫が必要以上に食べないのはこの機能によるもの。過剰に食べてしまう習性がある犬でも、日頃から運動不足などで消費エネルギーが少ない場合は、ふだんの食事をあまり食べない傾向があるのです。

それでも「甘いものは別腹」と表現されるように、私たちもお腹がいっぱいでも大好きなものであれば必要以上に食べてしまいます。愛犬がごはんをあまり食べてくれずに困っている飼い主さんは、心配のあまり何とか食べてもらおうと嗜好性の高いおやつを与えがちになるため、運動不足で摂取エネルギーをそこまで必要としていない犬でも、おいしいおやつを出されたからついつい過剰に食べてしまっているのかもしれません。

現に食べムラで困っている飼い主さんの相談を受けていると、日頃から「散歩の頻度や量が少ない」「遊ぶ時間が少ない」など運動不足で、ごはんをあまり食べないわりにはどちらかというと肥満気味の犬が多く見受けられます。

もちろん、病気になると食欲が落ちるため、成犬で食べムラがある場合はまず病院で診てもらうことが大切ですが、健康であれば、運動量を増やしてみるといいでしょう。

散歩に出かける際、飼い主さんのペースに合わせて歩くだけでは、小型犬でも運動欲求を十分に満たせないことがあります。

引っ張りっこやボール投げといった遊びは、歩くだけよりも消費エネルギーが増えるため、食べムラで困っている場合はこうした遊びを通して運動量を増やしてあげるのも一つの有益な方法です。

食事の「好き嫌い」は子犬の頃に決まる

多くの子犬の飼い主さんは、ブリーダーやペットショップから奨められた、「特定のドッグフードのみを食べさせないといけない」と思っているのではないでしょうか？

しかし、これは誤った考えです。

人間の子どもは、幼少期に多くの味や食材を経験することで偏食を予防することができますよね。これと同じく、犬も子犬の頃にさまざまな種類のドッグフードを食べることで体内での消化酵素の分泌が促され、多様な食材の消化吸収がスムーズになるため、成犬になってからの嗜好性の偏りを予防することができるのです。

さらに、老犬や病気になると、療法食などのドッグフードへ切り替えが必要になります。災害時などふだん食べているものが手に入らないような状況になれば、非常食しか与えられないため、さまざまな種類のものを食べられるようにしておくことが必要なのです。違うメーカーのものや、異なるタンパク源（牛、豚、ラム、鶏、馬など）のものを徐々に切り替えながら与えるようにしましょう。

その際、気をつけていただきたいことが1点あります。

ドッグフードの種類を急激に切り替えると、消化不良を起こして下痢や嘔吐《おうと》をしてしまいます。1週間から10日ぐらいを目安に、「いままでのドッグフード：新しいドッグフード＝9：1」程度の割合で混ぜたものからスタートしてください。

「食いつきがいいか？」「嘔吐や下痢などをしていないか？」など確認しながら、問題がなければ毎日1割くらいずつ新しいフードの割合を増やしていくといいでしょう。

いろいろなフードを食べられるようになると、愛犬の食の楽しみも広がります。ぜひ子犬の頃から積極的にさまざまな種類のものを試させてあげてください。


成犬でも、同じものばかりだと飽きて食べなくなったり、そのフードに胃腸が慣れてしまったり、他の食べものの消化吸収が悪くなったりしがちです。すでに偏食気味の成犬でも少しずつ違うものを食べることで食への関心が高まりますし、消化器官を強めるためにも、同じようにドッグフードの切り替えを試してみましょう。

人より先に食事を与えると上下関係が崩れる？

犬との上下関係を維持するために「人より先に食事を与えてはいけない」という話を聞いたことがあるかと思います。これは、「オオカミの群れの上下関係」を人と犬の関係にそのままあてはめてしまった、誤った考え方の一つです。

オオカミは「上位の者が食べものを支配し、初めに食べる権利がある」とされてきました。そこでオオカミから家畜化された犬に対しても「飼い主が先にごはんを食べることで、立場が上であることを認識させる必要がある」といわれてきたのです。

しかし前述したように、そもそも野生のオオカミや野犬には絶対的なリーダーが存在するわけではありません。食べものに関しても必要に応じて群れの中で分け合うなど、お互いが比較的寛容な関係を築いています。犬が先に食事をする＝飼い主を下に見るというのは成り立ちません。このことを裏付けるように、１９９７年にイギリスで行われた研究では、飼い主よりも先に犬に食事を与えることと、飼い主に対する犬の支配的な攻撃性にはまったく関連性がないことが明らかになっています。

では、なぜ昔はオオカミの群れに上下関係が存在すると考えられるようになったのでしょうか？

人間の飼育下にあるオオカミを対象に行った研究で、群れの中に上下関係が確認されたのが要因です。その後、野生下でのオオカミの研究を行うようになると、それまでとは異なったオオカミの社会構造がわかってきたのです。

野生下と飼育下でオオカミの社会構造が異なるのは、人間が飼育する環境に関係があります。群れで飼育をすると、それぞれの個体にとって必要な場所や食料などが十分に行き届かない状況が生まれます。そのような限られた環境で飼育されると、生きていくために必要となる資源（寝床や食べものなど）をめぐって争いが生じ、力の強いものがその資源を得るための権利を持つようになり、支配的な関係が生まれてしまうのです。

生きていくために必要な資源が得られないとき、その資源を守ろうとして攻撃的になるのは生き延びるためには必然的な行動ですね。

犬とのより良い関係を築くためには食事の順番は関係なく、邪魔されない専用の場所で食事を与えるなど、安心して食事ができるような環境設定のほうが重要なのです。

「お預け」はNG

多くの飼い主さんが一度はやったことがあるであろう、「食事を犬の目の前に置いて『よし！』と言うまで待たせる」、いわゆる〝お預け〟。

バラエティの企画などでも、どれくらい長い時間食べずに待っていられるかを競わせているのをよく目にします。こうした影響から、長く待っていられる犬ほど飼い主に忠実で賢いと思っている方も多いのではないでしょうか？

しかしこの長時間のお預け、犬にとっては大きなストレスになりかねません。

餌を目の前にして食べずに待っている犬は、「動かないでいたらごはんがもらえる」というより、「ごはんを食べずに我慢している」という心理状態です。そのため、我慢している時間が長くなればなるほど、犬にかかるストレスも大きくなってきます。

また多くの方が、ＯＫの指示を出す前に動いたり食べ始めようとしたりすると、強い口調で「待て！」と叱り、犬に強い威圧感やプレッシャーを与えています。

これは非常に危険ですのでおやめください。

犬はいいことと悪いことの判断ができません。飼い主に叱られても反省するのではなく、恐怖心を感じるだけです。「目の前に置いてある食べものは食べられないのではないか」と不安になり、ときには餌を守ろうとして飼い主に攻撃的になる「食物関連性攻撃行動」に発展してしまうこともあります。

もちろん、食事の前に興奮して大暴れされるのは困りもの。食事が出てくるまでの間は、座ったり伏せたりした状態で待っていられるように「待てのトレーニング」をして、犬の目の前に食事を持ってきたらすぐに食べさせてあげるようにするといいでしょう。

犬に不安を与えれば、お互いの関係はより悪化し、さまざまな問題行動の原因となってしまいます。

生活にルールを設けて教育することはお互いのために重要ですが、過度なストレスを与えるような教え方は避けるようにしましょう。

ごはんは1日にどれくらい与えればいい？

「どれくらいが適量なの？」「もっと欲しがるけど与えていいの？」「ぜんぜん食べないけど大丈夫？」など、食事の量に関する悩みは飼い主さんによってさまざま。

多くの飼い主さんは、与えているペットフードのパッケージの側面や裏面に記載してある犬の年齢や体重をもとにした「規定量」を参考にして、与えるドッグフードの量を決めているかと思います。しかし、記載されている量はあくまで「標準体重を保っている犬」のもの。その体重を維持するために必要な量です。標準体重より太っているか痩せているか、はたまた筋肉や脂肪の量によっても、過不足が生じてしまいます。

そこで、その子に合った適切な食事量を判断するために役立つのが、「ボディコンディションスコア（BCS）」。見た目やさわってわかる体つきから、犬が太り気味か、痩せ気味か、理想的な体型なのか——などを判断する評価方法です。

環境省のホームページの「飼い主のためのペットフード・ガイドライン」にも掲載されていますし、インターネットで検索すればすぐに見つかるのでぜひ参考にしてみてください。

「BCS1：痩せている〜BCS5：肥満」までの5段階に分かれていて、BCS3が理想体重とされています。過剰な脂肪の沈着がなく肋骨をさわることができる状態です。また、上から見ると肋骨の後ろに腰のくびれが、横から見ると腹部の釣り上がりが確認できる状態となります。

ふだんの食事の量が適切かどうかを判断するためにも、現在の体重と合わせてBCSも参考にし、理想的な体型を保つために役立ててください。太りすぎであれば量を減らしたり、痩せすぎであれば量を増やしたりと、日頃の体型をまめにチェックしながら食事の量を随時調節するとよいでしょう。

本来であれば、食事は毎日「決まった量」だけを与えているほうが楽ですよね。しかしときにはふだんの食事にトッピングをしたりして、ごほうびを与えたくなることもあるかと思います。犬の体は常に変化するので、日頃からコミュニケーションの一環としてふれあいながら愛犬の体型をチェックしてあげましょう。

犬が肥満なのは飼い主のせい？

人と同じように犬にとっても肥満は万病のもと。肥満には、老化や去勢・避妊による基礎代謝の低下、運動不足、遺伝、何らかの疾患など、さまざまな要因があります。しかし、多くの場合は飼い主さんがペットフードを与えすぎたことによる、カロリーの過剰摂取が原因なのです。

２００９年にオーストラリアで行われた研究で、飼い主の食事や運動の管理と犬の肥満との関連性が明らかになりました。

適正体重の犬の飼い主と肥満傾向の犬の飼い主を対象に、日ごろの食事や運動管理についてアンケート調査を行ったところ「肥満傾向の犬の飼い主は適正体重の犬の飼い主に比べおやつを与える頻度が多い」「適正体重の飼い主が毎日散歩に行っていたのに対し、肥満傾向の犬は週に1回しか散歩に行っていない」「肥満傾向の犬の飼い主は庭でしか運動させていない」という結果が得られたのです。犬の肥満は飼い主の飼い方に大きく影響を受けるということです。

また、2020年にオランダで行われた研究では「犬の望むことは何でも叶えてあげる、いわゆる〝甘やかして飼っている飼い主〟の犬は肥満の割合が高い」という結果も得られました。人の子どもでも親が甘やかしてなんでも食べたいものを食べさせてしまうと肥満のリスクが高まりますが、これと同じように飼い主の食事管理の甘さが犬の肥満の原因になってしまうことがわかったのです。

さらに2022年スペインで行われた研究において、肥満気味や運動習慣のない飼い主の犬は肥満の割合が高く、肥満になりやすい飼い主の生活習慣が、犬の肥満にも大きな影響を与えることも明らかになりました。

犬は自ら食事の量をコントロールすることが難しく、肥満によって健康を害してしまうことも理解できません。「欲しがるものはなんでも食べさせてあげたい」というその場限りのやさしさを持つのではなく、犬のために自身の生活習慣も見直し、末永く共に健康でいられるために適切な管理をすることが本当の愛情につながります。

いつもの食事をより楽しいものにしてあげるには?

「毎日同じドッグフードばかり食べていて犬は幸せなの?」

そう思う方もいらっしゃるかもしれません。たしかに主食としていちばん多く用いられているドライフードは味より栄養バランス優先。保存性を高めるため水分含有量を少なくして作られているため、のど越しも悪い。嗜好性が低く、おやつに比べれば食いつきが悪い傾向があります。

こうした悩みから、最近では愛犬に食事を楽しんでもらうための「手作りフード」が注目されています。しかし嗜好性が高まりかつ食材の安全性も確保できるなどのメリットがある一方、十分な知識を持たないと栄養バランスの過不足が起こるデメリットや、手作りに費やす時間と経済面などの高いハードルもあるのも事実です。そのため、一般的にはその子の年齢や体重、消化吸収のぐあいに合った「総合栄養食」を主食として与えるのがおすすめです。

「総合栄養食」とは、毎日の主食として与えることを目的に作られているドッグフードのこと。これと水だけ与えれば、それぞれの犬の成長段階における健康を維持できるように栄養バランスが配分されています。世界的に認められ、小動物の栄養基準にもなっているＡＡＦＣＯ（全米飼料検査官協会）の基準をもとに、ペットフード公正取引協議会が定めたルールをクリアしたものが総合栄養食として証明されているため安心です。

もちろん、愛犬の生活の質の向上（ＱＯＬ／クオリティ オブ ライフ）のためには食事を楽しむことも重要です。

毎日同じ内容の食事ばかりだと犬も飽きてしまいます。総合栄養食の種類をローテーションしたり、ウェットタイプのドッグフードや茹でたササミなどをトッピングしたりすることで、さまざまな食材を楽しめるようにしてあげましょう。

トッピングをしたり、おやつを与えたりするとその分の摂取カロリーが増えますが、その分、主食となる総合栄養食を減らして調整すれば肥満の予防になります。

ふだんの総合栄養食やおやつなどを知育玩具やトレーニングのごほうびとして与えることも犬にとても喜ばれます。手を少し加えたり与え方を工夫したりすることで、ふだんの食事を愛犬にとってより楽しいものへと変えていきましょう。

ノズル型の給水器は飲みづらい！

昔はお皿で水を与えることが一般的でした。

しかし最近では飼い主さんのニーズや用途によって、さまざまな給水器が販売されています。

ケージやキャリー内に取り付ける「設置型」や、犬が飲んだ分だけ自動で給水皿に補給する「自動給水器型」、電源をつなぐとポンプが作動、水が循環しかつフィルターでろ過してカルキやゴミも除去する「循環型」などがあります。

こうした給水器には「水が飛び散りにくい」「いつでも新鮮な水が与えられる」など、便利なこともある一方で、〝犬の水の飲み方〟に配慮した商品を選ばないと、かえって水分摂取がしにくくなることもあるので注意が必要です。

とくにノズル型の給水器には気をつけてください。

犬の場合、水面よりも下に舌を入れて、曲げた舌をお玉のようにして勢いよくすくい上げて水を飲みます（大量の水しぶきが出るのはこのためです）。

しかも舌を曲げる方向は人とは正反対です。裏側に舌を丸めます。かたや、ノズル型の給水器は、給水ボトルの先のノズル部分にボールが入っていて、それを犬が口や舌で転がす（なめる）ことで水が出てくる仕組みです。本来の犬の飲み方とは逆の〝上方向〟に舌を巻かなければならないため、とても飲みづらいのです。

給水器や給水皿を置く高さも重要です。

取り付け位置が高すぎると犬は上を向いた状態で水を飲むことに。その場合、一度に出てくる水の量が多いとむせてしまうことがあります。

また位置が低すぎるのも、それはそれで問題です。極端に下を向いた状態になるため気道が圧迫され、やはりむせやすくなってしまいます。とくに老犬などは飲む姿勢が悪いと首や足腰にも負担がかかるため、危険です。

給水器だけではなく、食器なども首を少し下げた状態で飲んだり食べたりできる高さに置いてあげるようにしましょう。

第5章　犬の「排泄」の最新知識

犬は排泄をするとき体の軸を「南北の軸」に合わせる

社会状況の変化により、犬の飼育環境も屋外から室内メインに変わったことで、排泄を家の中でさせる機会が増えました。そこでこの章では排泄に関する最新知識をお伝えしていきます。

まず、トイレトレーやペットシーツなどで排泄ができるようにするには、子犬の頃からのトイレトレーニングが重要です（成犬の場合は後述）。さらに、排泄の失敗を防ぐためには十分な排泄場所の広さを確保することも重要です。

２０１３年、ドイツとチェコの研究チームが、37品種70頭の犬の排便時（１８９３回の観察）と排尿時（５５８２回の観察）の体軸の方向を2年にわたり測定しました。その結果、犬が排泄するときは体の軸を南北の軸に合わせていることがわかりました。

また、２０２０年にイスラエルでも２０００頭近くの犬を対象に同様の調査が行われましたが、やはりほとんどの犬が南北の軸に体を合わせて排泄していたのです。

「犬がどうやって南北を確認しているのか？」「なぜ南北に体の軸を合わせるのか？」

これらの研究ではその原理は明らかになっていません。しかし、２０１７年にチェコとドイツで行われた研究では、東側と北側におやつが置かれているとき、北側にあるおやつを好む傾向があるという結果が報告されています。犬は何かしらの形で地球の磁場を感じ取って方角を確認しているのかもしれません。

犬が排泄をする際にクルクルと回転をするのをみなさんもご存じかもしれませんが、その理由も「体の軸を南北に合わせるため」と考えられています。ですから回転して南北に体の軸を合わせられないような狭い場所だと排泄がしづらくなり、その場所での排泄はあきらめてしまう可能性もあるのです。

トイレをサークルで囲い、部屋の中の空間を分けている飼い主さんも多いですが「なかなかその場所に戻って排泄をしてくれない」と相談を受けることがあります。その問題が生じる要因の一つとしてサークルの大きさも関係しているのです。

犬が回転できるだけの十分な広さを確保してあげると快適な排泄場所となり、トイレのしつけもスムーズにできるようになります。

トイレで排泄をしない＝「サイズが小さすぎる」

「子犬の頃はトレーの上で排泄していたのにしなくなってしまった」「前足だけトレーに乗せて排泄するのでいつも外れてしまう」――。

こうした相談を受けることがあります。これ他のお悩みも、前項目でお伝えした「犬が排泄する前に回転する習性」が関係しています。

犬用のトイレは尿を吸収するための「ペットシート」とそれを固定するための「トイレトレー」で構成されています。

シートにはサイズが3種類あり、それぞれの大きさで、小型犬用、中型犬用、大型犬用に分かれています。

しかし、これはあくまでも〝体重〟を基準として分類されているものです。

一般的に成犬体重が10kg未満は「小型犬」、25kg未満は「中型犬」、25kg以上は「大型犬」とされていますが、犬種や個体によって同じ体重でも体長（胸からお尻までの長さ）

や体高（地面から背中までの長さ）がかなり違いますよね。しかも多くの飼い主さんには、子犬の頃の大きさを基準に、ペットシートやトイレトレーの大きさを決めて、成犬になってからも同じものを使い続ける傾向が見られます。

そのため、もとから小さすぎるものを使っている場合はもちろんのこと、犬の成長と共に、シーツやトレーが（回転して排泄するには）小さくなりすぎてしまうことで、いままで排泄ができていた場所でもしなくなることがあるのです。

また、トレーはある程度の高さがあるため、回転するのに十分な広さがないと足を踏み外してしまいます。そうなると後ろ足がトレーからずれて、トレーの外に排泄をしたり、トレーでの排泄自体を避けたりすることにもつながりかねません。

こうした悲劇を避けるためにも、シートとトレーの大きさを選ぶときは、その子の〝体重〟ではなく〝体型〟を考慮してあげましょう。

シートやトレーの上に乗ったとき、スムーズに中で回転できるだけの大きさを選ぶことで初めて、犬は気持ちよく排泄ができるのです。

壁際にトイレを設置すると「失敗しやすくなる」！

「トイレトレー」など、犬用のトイレを家の中心部分に設置すると場所をとったり動線がつぶれてしまったりと、生活に支障がでてしまいます。

そのため、多くの飼い主さんは部屋の隅の壁際に密着させて設置することが多いようです。しかし、これもトイレの失敗を誘発する一因となってしまうため注意が必要です。

次にくわしく説明しましょう。

犬はトイレの中で回転してから排泄をする習性があるため、「スムーズに中で回転できるだけの大きさが必要だ」ということは先述しました。

しかし「回転はできるものの、大きさがギリギリ」という場合はとくに、壁際へのトイレの設置は避けたいところです。

もちろん、頭やしっぽがトイレからはみ出ていてもその上で回転することは可能でしょう。しかし、犬は頭がぶつからないように回転するため、目の前に壁があると回転する際に後ろ足がトイレからはみ出してしまい、排泄が外れてしまうのです。

そもそも犬の目は100センチ圏内の焦点が合わせづらく、距離感もつかみづらい構造にできています。ですからトイレに入るときの進行方向に壁があると、ぶつからないように自然と距離をとりがちなのです。そのため、トイレに入りきらない状態で回転を始め、そのまま排泄をしてしまうこともあります。


トイレの失敗で悩んでいる飼い主さんは、大きいトイレに変更することはもちろん、トイレを壁から離した場所に設置してみるとよいでしょう。

トイレのサイズは、鼻先からしっぽの付け根までが十分に収まる大きさが理想です。

トイレのしつけは「ほめる」ことより環境設定が大事

犬のしつけ本やインターネットサイトの多くで、トイレで排泄ができるようになるための方法として「上手にできたらほめてあげましょう」と書かれています。しかし、トイレのしつけでもっとも大事なのは、人間による「失敗を防ぐための環境設定」であるのは言うまでもありません。

ポイントをいくつかご紹介します。

まずは、犬がふだん生活しているケージやサークルの中には、(トイレのほかに)ベッドではなく、犬を運ぶときにも使う「クレート」といわれる犬のハウスを設置しましょう。

なぜクレートがよいのでしょうか。犬は自分の寝床を汚さないように寝床から離れた場所で排泄をする習性があります。ベッドだと寝床とトイレが物理的に離されていない状態となり、犬が混乱してトイレの失敗が増えるためです。しかもケージやサークル全体を〝寝床〟と認識してしまうことで、その中では排泄をしたがらなくなります。

外に出したときの環境設定も重要です。

犬は土の上など柔らかいところで排泄をする習性があるため、トイレのしつけが完全ではないうちにカーペットや足ふきマット、クッションなど柔らかい素材の感触を足の裏で感じると、反射的に排泄が促されることがあります。

トイレのしつけがうまくいくまでは、お部屋に布製のものを敷くのは避けましょう。

また、犬が排泄をしやすいタイミングを知ることも大切。

一般的に犬は「ごはんを食べた後や水を飲んだ後」「運動（興奮）した後」「寝起き」など、おおよそ決まった時間帯に排泄をすることが多いもの。これらのタイミングでトイレに連れて行き、排泄を済ませてから部屋に出すようにすることで、失敗を予防しやすくなります。

トイレのしつけを成功させるためのいちばんのポイントは、望ましい場所で排泄をした経験を積み重ねることです。まずは失敗しにくい環境設定ができているかを見直したうえで、上手にできたらほめてあげましょう。

トイレのしつけは「叱ってはいけない」

排泄のしつけ方として、ひと昔前は「トイレ以外で排泄したときは失敗した場所まで犬を連れていき、臭いを嗅がせて叱る」といった方法が紹介されていました。

しかし、(子)犬は反射的な(無意識での)排泄が多いことや、「家の中＝汚してはいけない」とは考えられない(キレイや汚いという概念がない)ことから「失敗＝悪いこと」とは認識できません。

排泄を失敗するたびに叱られることで飼い主への恐怖心をつのらせてしまい、見えない場所でするようになるなど、さらに失敗を助長してしまいます。

また叱らないにせよ、大きな声で騒ぎ立ててしまうと犬はびっくりして怖がります。失敗したときは淡々と後始末をするように心がけましょう。

失敗した排泄物の処理方法にも注意が必要です。

散歩などでもすでにお気づきのとおり、犬は自分の排泄の匂いが残っている場所で再び排泄をする習性があるため、トイレを失敗した場所に匂いが残っていると再びそこで失敗を繰り返してしまいます。

排泄物を取り除いたあと、多くの飼い主さんは除菌効果のある消臭剤をかけて拭いて掃除をしますが、菌だけではなく尿に含まれるアンモニアやホルモンなども匂いの元になります。とくに、犬の嗅覚は人の数万倍～1億倍もあるので、消臭スプレーなどをかけるだけでは犬が嗅ぎとれる匂いを消すことはまず無理です。

匂いを完全に除去するためには、食器用洗剤や酵素系洗剤で洗浄したり、界面活性剤入りで洗浄効果もある消臭剤を使ったりするといいでしょう。

また、先述したようにカーペットなどの布製の床材は排泄を誘発するだけでなく、洗浄することが難しいことから失敗した場所の匂いを完全に取り除くことが困難です。

排泄のしつけがうまくいくまでは、フロアマットなど、撥水性《はっすい》があって滑り止めやクッション性もある素材のものを敷き、随時取り換えるのがおすすめです。

犬はやっぱり外で排泄したい

子犬の頃から排泄のしつけをしてきたものの、「散歩に出て外で排泄する経験をしてから家の中ではいっさいしなくなってしまった……」という相談をよく受けます。お留守番をしているときに室内で排泄していないと、「ずっと我慢していて可哀そうじゃないか」と心配になる飼い主さんも多いのではないでしょうか?

これには理由があります。

子犬の頃からいくらトレーやシーツで排泄をするように習慣づけていても、犬は柔らかい草や土の上で排泄をする習性があるため、そもそも屋外で排泄をすることを好みます。

とくに柴犬をはじめとした日本犬は、洋犬よりも外で排泄をしたがる傾向が強くみられますが、これは遺伝子がオオカミに近いことや、もともと屋外で飼育するように改良されてきたため、草や土の上で排泄をする習性が強く残っているのかもしれません。

このような習性から、海外では庭に自分から出て排泄するようにしつけることが多く、一般的に屋内でトレーやシーツをトイレとして排泄をさせるのは日本独特のしつけ方なのです。

つまり日本の文化や飼育事情から屋内でのトイレ方法が普及したものの、本来の犬の排泄の習性を考えれば、飼い主さんがより根気よく習慣づけていく必要があるのです。

屋内でできていたトイレのしつけを継続していくには、子犬の頃から「外散歩に行くときはトイレで排泄させてから」を習慣づかせることがなにより大切です。

散歩に行く前にまずはトイレに連れて行き排泄を促します。直前に排泄をしていればしないこともありますが、しそうなタイミングのときに排泄をさせないで外に連れて行くと、外で排泄をする機会が増えて外での排泄が習慣化してしまうので注意しましょう。

子犬の頃からがんばって教えてきたトイレのしつけを台無しにしないように、「屋外に出るときはトイレで排泄を済ませてから」という原則を根気よく習慣づかせましょう。

家の中で排泄しないのは「意外と我慢できてしまう」から

トイレですることを覚えたにもかかわらず、外での排泄が習慣づいてしまうもう一つの理由として、犬の習性的に「排泄を意外と我慢できる」ことも関係しています。

個体差は大きいものの、犬は排泄を意外と長く我慢することができるため、排尿は1日に2〜3回程度、排便は1〜2回程度の子が多く見受けられます。

この回数だと、ちょうど朝夕2回のお散歩のときにすれば間に合いますよね。そのため、本来、土の上や草むらで排泄する習性がある犬は、トイレでの排泄を覚えたあとでも散歩の時間まで我慢しがちになり、家の中でしなくなることがあるです。

そうなると多くの方が不安に陥りやすいのが体調不良や悪天候時の散歩についてです。飼い主さんの心理としては半日も排泄をしないと「病気になるのではないか」と心配になる気持ちもわかります。

「我慢させるのはかわいそう」「排泄させてあげなければ」という強い思いにかられ、体調がどんなに悪くても、たとえ悪天候でも「外に連れていって排泄させる」。そんなループから抜け出せなくなっている方も多いのです。

しかし、多くの場合、室内での排泄を覚えた犬であれば、我慢ができなくなったら自らすすんでトイレまで行き排泄をします。また、先述したとおり排泄が我慢しやすいのは犬の習性によるものなので、半日程度我慢すること自体は健康に大きな悪影響を及ぼすものでもありません。

我が家のスタンダード・プードルも基本的にはシーツの上で排泄しますが、その日の気分によっては外でしたがることがあります。雨で外に散歩に行けない場合は半日以上排尿を我慢したり、排便に関しては一日中しないことも。それでも我慢しきれなくなるとシーツで排泄をします。トイレには関して犬それぞれのこだわりもありそうです。

このように、すでにトイレで排泄できている場合は、無理に外に連れ出さなくても意外とトイレでしてくれるもの。しばらく様子を見てもよいでしょう。

もちろん「そもそも家の中で排泄をしない」場合は今回の事例はあてはまりません。

知っておきたいトイレの再トレーニング方法

いくら「犬には排泄を我慢しやすい習性が備わっている」といっても、限度はもちろんあります。どんなに様子を見ても1日近く排尿をしないときは、膀胱炎などの病気になってしまう可能性があり危険です。

そこで、家の中にあるトイレで排泄を促すための再トレーニング方法をご紹介します。もとから外で排泄している犬の場合でも役立つやり方ですので、ぜひ参考にしてみてください。

ポイントは、排泄場所を外の環境から家の中の環境へ少しずつ変えていくことです。まずは庭やベランダなど外の環境で、「トイレとして認識させたい」トレーやシーツの上で排泄することを習慣づけましょう。

このとき、ふだん外で排泄している場所に落ちている葉っぱや枝、土などをトイレの上に置くと、それらの匂いが刺激になって排泄しやすくなります。「その犬自身やほかの犬の排泄物の匂い」や外の環境に近い「人工芝」なども有効です。

慣れてきたら徐々に置いてあるものを減らしていき、排泄場所の感触を少しずつトレーやシーツに変えていきましょう。

トイレだけで排泄をするようになったら、徐々に家の中にトイレを移動していきます。このときも最初は少しでも外の環境と近い玄関や窓際などで練習するのがベターです。

掃除は大変ですが、トイレに人工芝などを乗せておくことで室内での排泄を促せるのであれば、これらを使い続けるのも一つの方法です。また、家の中でするようにはならなくとも、屋根のある軒先やベランダであればトイレの上で排泄するのなら、悪天候の中で散歩に出かけて排泄させるよりは、飼い主さんにとっては楽だと思います。

トイレの再トレーニングは根気が必要で、犬によっては完全に教えることは非常に難しい場合もあります。ご紹介した方法を試しながら犬がどこまで学習できるのか、飼い主さんがどこまで許容できるか——折り合いをつけていくことが大切です。

マーキング癖はトイレトレーニングでは直せない

前述したように、犬の排尿回数は1日に2～3回程度。この回数を超えている場合はマーキングの可能性があります。

マーキングとは犬が「ここは自分の場所である」となわばりを主張したい場所に尿をかけてアピールする習性のことです。

一般的な排尿はしゃがんだ姿勢で行うのに対し、マーキングの場合は自分の体を大きく見せるため、足を上げた姿勢で高い位置に尿をかけようとします。また、膀胱にたまった尿を外に出し切るためでなく、自分の存在をアピールするための〝匂いづけ〟を目的としているため、1回の排尿量が少なく、回数が多くなるのも特徴です。

犬の習性ではあるものの、家の中でされてしまうと衛生的に困りものですよね（もちろん、屋外でも周りの人に迷惑をかけてしまいます）。

そのため、こうしたマーキング癖を治そうとトイレの再トレーニングを試みる飼い主さんもいます。しかし、前述したように一般的な排尿とは目的が異なり、とくに雄犬の場合はホルモンが大きく影響しているため、トイレトレーニングができていてもたいていマーキングを繰り返してしまうものです。

では、いったいどうすればいいのか。

未去勢であれば、去勢をすることで多くの場合予防することができます。

去勢済みでもマーキングしてしまう場合は、L字形のトイレトレーにすれば外に尿が飛び出しづらくなります。マーキング専用のグッズである「マーキングポール」を使えば、その場所にマーキングを集約することもできます（雌犬の場合も同様）。もちろんされては困るような場所に近づけないように行動を制限することも重要です。

多頭飼いの場合は、同居の犬同士でなわばりを主張しあっている可能性が高いです。「専用のハウスを用意して互いを近づけないようにする」「サークルなどを用いて居場所を区切る」など、それぞれの犬が安心して暮らせるための環境設定と配慮をするとよいでしょう。

犬が「いやがらせ」でトイレを失敗することはない

「留守番をさせたり、長時間かまってあげなかったりすると、いやがらせでわざと排尿を失敗するので困っている――」といった相談をよく受けます。

しかし、犬はいやがらせでトイレを失敗することはありません。

そもそも、犬が「排泄物＝汚い」と思っていなければ「トイレの失敗＝いやがらせ」は成り立ちませんよね。ですが犬は食糞（うんちを食べたり飲み込んだりしてしまうこと）もしますし、おしっこが体についてもいやがりません。「排泄物＝汚い」という認識はないのです。つまり失敗する理由は他にあります。

原因としてまず考えないといけないのは、トイレのしつけが完全ではないことです。

ふだんは確実にトイレで排泄できるのに、飼い主さんがいないときや、かまってあげられないときだけ失敗する場合は、以下の要因が考えられます。

①飼い主と離れることへの不安（分離不安）によるもの

②「トイレ以外で排尿すればかまってもらえる」といった、関心を求める行動

犬は緊張や不安を感じると尿意が近くなり、ときにはその場で漏らしてしまうことも珍しくありません。飼い主さんと離れることに不安を感じている犬であれば、トイレとは違う場所で排尿をしてしまうことがあるのです。「吠える」「家の中のものを破壊する」「自身の身体を過剰に掻く、噛む」といった行動もみられます。

対策としては飼い主さんと離れることに少しずつ慣らすことが必要です。短い時間から練習を始め、知育玩具に大好きなおやつを入れたものを与えておくなど、一匹でいるときにも楽しい経験をさせることが大切です。

分離不安はその程度によっては克服するのが困難であり、向精神薬などを用いないとならない場合もあるため、過剰に不安を感じるときは必ず専門家に相談しましょう。

関心を求めてトイレを失敗する場合は、トイレ以外で排泄したときは徹底して関心を払わないようにし、トイレで排尿ができたときはたくさんほめてあげましょう。叱ったり、大騒ぎしたりするのはさらに問題を悪化させてしまうので厳禁です。

トイレシーツを噛むのは「退屈」だから

トイレシーツを噛んだりビリビリに破ったり、ときには食べてしまったり――こうした問題行動に悩んでいる飼い主さんも少なくありません。

とくに子犬の頃顕著にみられる行為ですが、ペットシーツを大量に飲み込んでしまえば、のどや胃腸に詰まってしまい危険なので、注意したいところです。

いったいなぜ、このような行動をとるのでしょうか。

犬は狩りを真似て遊ぶことは先述しました。ペットシーツを噛んだり、クッションを噛みちぎって中の詰め物を出してしまったりするのも、捕らえた獲物の皮を引き裂いて肉や内臓を食べる行動に由来します。日頃から噛む欲求が満たされていなかったり、サークルの中で長時間、留守番させられて退屈だったりすると、その欲求不満から目の前にあるペットシーツを噛みちぎってしまうのです。

予防するためには、トイレトレーにメッシュカバーをつけて物理的にシーツを噛めなくするといいでしょう。シーツがはみ出さないようにしっかりと覆うのがポイントです。そしてなにより日頃からおもちゃを使って十分に噛む欲求を満たしてあげることです。お留守番前などはロープのおもちゃを使って引っ張りっこをして遊ぶなど、噛む欲求を十分に満たしてあげましょう。

遊んだ後、さらに退屈しのぎとして活躍するのがコングをはじめとした知育玩具です。天然のゴムでできているものは壊れにくく、食べものを入れることで長時間噛みながら遊ぶことができてとても便利です。ドッグフードをすべて器で与えるのではなく、遊んだ後の知育玩具に詰めて与えるだけなので簡単です。

このようにペットシーツや家具などを噛んでしまう、いわゆる「いたずら」といわれる問題行動は、その原因の多くが噛んで遊ぶ欲求が満たされていないことから生じます。日頃から遊ぶ時間を増やしたり、知育玩具をうまく活用したりするなどして、噛む欲求を存分に満たしてあげましょう。

犬がうんちを食べてしまうのは自然な行動

子犬の頃に食糞する犬は多く見受けられますが、これは自然な行動です。

犬は気になる物の匂いを嗅いで、口に入れられるものかどうか確認しようとします。さらに生まれて間もない子犬は、さまざまなものに対して好奇心が旺盛で遊び好き。退屈なときほどうんちに興味を示して噛んで遊びます。〝食糞〟というと好んでうんちを食べているイメージですが、この場合は遊んでいるうちに粉々になったものをたまま飲んでしまっているだけで、自らすすんで食べているわけではありません。

健康な子犬が食糞をすること自体に問題はないものの、飼い主さんにとっては受け入れがたい行動ですよね。そのため何とかやめさせようとする方が多いですが、無理やり口の中に手を入れて取り出そうとしたり、止めさせようとして大騒ぎしたりするのは避けてください。このような対応をすると、犬はうんちを取られまいとして、くわえたうんちを急いで飲み込むようになったり、守ろうとして飼い主さんに威嚇するようになったりと、さらに問題が悪化します。

ではどうすればいいのか。

日頃から遊ぶ時間が少なかったり、退屈な環境で過ごしたりしている子犬ほど、食糞をする頻度が高い傾向があります。食糞を上手に予防するためには、おもちゃで遊んであげる機会を十分にとったり、飼い主さんがかまってあげられないときは知育玩具を利用したりするなど、子犬の「噛んで遊びたい欲求」を満たしてあげることです。

また、飼い主さんの目の前でうんちをした際には、慌てて片付けようとするのではなく、名前を呼んで自分に意識を向けてからおやつを与えたり、犬の近くにおやつを投げて与えたりすることで、うんちから気をそらせてから片づけるようにしましょう。

前述したように、成犬になれば排便の回数は1日に1～2回となり、お散歩のときにうんちをするようになることが多いため、自然と食糞の機会はなくなっていきます。

無理に止めさせようとして問題が悪化しないように、寛容な気持ちをもって接してあげるようにしましょう。

「消化不良」で食糞してしまう場合も

うんちを噛んで遊んでいるうちにたまたま飲み込んでしまうだけでなく、自らすすんで食している場合もあります。

ドッグフードが未消化のままうんちとなって排泄されていて、その匂いがするうんちを食事と同じように食べてしまっているケースです。

食事が未消化になってしまうのにはいくつかの理由がありますが、代表的なものに「与えているドッグフードが犬に合っていない」ことがあげられます。

どんなに高価で質のよいドッグフードを与えても、その子の体に合わないと、消化吸収がうまくいきません。また、逆に安価すぎるドッグフードも、犬にとって消化しづらい「小麦」や「穀類」など炭水化物が主原料のものが多いため、消化吸収が悪い傾向があるのです。成分表示や年齢対応表をあらためてチェックしてみましょう。

次に原因としてあげられるのが、ドッグフードの与えすぎです。

たくさんの食べものを一度に食べると消化吸収が追い付かなくなるのは犬も同じ。適正量を小分けにして与えるようにしましょう。

また、消化器系の異常など、病気によっても消化吸収が悪くなります。

いくら適正な量を与えていても、摂取した食事を消化吸収する能力に問題があれば、未消化のまま排泄されてしまうため、犬によってはうんちを食べることで足りないエネルギーを補おうとします。「急に食糞をするようになった」「いつも同じ食事量をあげているのに痩せてきた」など、いつもと様子が違ううえに食糞をする場合は、必ず動物病院に相談をしましょう。

正常な状態であれば、1日に1～2回程度、手でつかんでも形が崩れず地面にも汚れがほとんどつかない程度の硬さのうんちをするものです。

うんちの回数が多かったり、状態が柔らかかったりするときは、ドッグフードが未消化のまま排泄されている可能性が高いです。消化不良による食糞を防ぐためにも、まずは健康のバロメーターとなるうんちの状態を確認してみましょう。

犬の食糞は市販の商品では止めさせられない

食事に混ぜるだけで食糞を防止できる「食糞防止剤」がペットショップで売られていますが、果たして効果はあるのでしょうか？

２０１８年にアメリカで、食糞を防止するために飼い主が行っているさまざまな方法について、その効果を調べるために大規模なアンケート調査が行われました。

調査対象となった飼い主に「食糞を防止するためにどのような対策方法を用いているか」「それぞれの対策方法はどれくらい成功するのか」質問したのです。

食糞防止策としては、①犬をうんちから引き離す②「うんちを放っておいて」というコマンドを出して成功したらごほうびを与える③コショウを振りかける④電気が流れたり高い音が出たりする首輪で罰を与える――といった方法が多くあげられました。

しかし、それぞれの成功率は非常に低く、②の方法がわずかに高く４％。他の方法は１～２％の成功率しかありませんでした。

さらにこの研究では、市販されている11種類の食糞防止剤に関する有効性ついても同時に調査されました。

その結果、一つの製品につき6～352人の飼い主が試した経験があったにもかかわらず、それぞれの食糞防止の成功率はわずか0～2%しかなかったのです。

私も愛犬に食糞防止剤を試したことがありますが、効果を得られたことはありません。その他食糞で困っている多くの飼い主さんからも効果が得られたという声を聞いたことがないため、食糞防止剤はあまり期待できないと思っています。

2008年、同じく食糞行動を示す犬の飼い主を対象として行われたアメリカでの調査では、食糞を防止するもっとも効果的な方法は「うんちへのアクセスを遮断する」「名前を呼んで飼い主に注目させる」「うんちからおやつなどに気をそらす」であることがわかりました。

食糞を防止するためには、ごほうびを上手に使ってうんちから気をそらしたり、飼い主に意識を向けさせたり、屋外でうんちをさせるように習慣づかせることがなにより効果的な方法です。

第6章　犬の「留守番」の最新知識

長時間の留守番が問題行動を引き起こす

留守番中の犬の様子が確認できる〝ドッグカメラ〟として「Furbo（ファーボ）」という商品が有名ですが、この商品を展開するTomofun株式会社が２０１７年、日米の25～45歳の女性の飼い主を対象に、「愛犬のお留守番に関する実態調査」を行いました。その結果、「ほとんど毎日お留守番させる」と回答した飼い主が日本では31％と、アメリカ（12％）と比較してとても多いことがわかりました。

また、犬をひとりで留守番させている時間を「4時間以上」と回答した飼い主は日米問わず約7割にものぼり、とくに日本では、長時間（8時間以上）の留守番をさせている飼い主が15％と、アメリカの7％と比較して倍以上も多いこともわかったのです。

このように日本では平日の朝8時から17時ごろまで、仕事の都合などで犬をひとりで留守番させる飼い方がよく見受けられます。しかし社会性が高い犬にとって単独で長時間留守番させられることは非常に大きなストレスとなります。このストレスが留守番中の吠えやいたずら、日頃の過剰な興奮などの問題行動を引き起こす原因になるのです。

イギリスの獣医の慈善団体であるＰＤＳＡ（The People's Dispensary for Sick Animals）は２０１３年、「長時間の（飼い犬の）放置は犬の健康に重大な影響を与えている可能性があり、さまざまな問題行動を引き起こす要因となるため、４時間以上は留守番をさせるべきではない」と報告しています。また２０１７年、イギリスの王立獣医学校のシャーロット・バーン博士は、「（人間と同じように）動物も退屈を苦痛と感じていて、（犬だけでなく）家畜や動物園の動物は、刺激が少なすぎる状態にあるため、脳の神経細胞（ニューロン）が死んでしまう」ことも報告しています。

以前のコロナ禍で行動が制限されたとき、私たちは非常に大きなストレスを受けました。長時間、留守番をさせられている犬は、あの頃の私たちと同じように毎日限られた部屋の中にいて、しかも退屈しのぎにおもちゃを使うこともできないという、想像以上のストレスの中で過ごしています。

仕事の都合で留守番をさせてしまうことは仕方がないことですが、犬の幸せを考えるうえで、留守番の時間やそのさせ方などをもう一度見直す必要があると言えるでしょう。

留守番中、サークルに入れると「ストレスMAX」に！

家具を噛む「いたずら」、口にすると危険なものを飲み込む「誤食」。これらの問題行動を気にして、ケージやサークルなど限られた場所で留守番をさせている飼い主さんは少なくありません。

しかし、（動物には）自由に歩き回ったり、探索をしたり、それぞれの動物種の本来の生態や習性に従った自然な行動が十分に行える空間や環境を与えてあげないと、ストレスがたまって欲求不満となり、問題行動をさらに助長してしまいます。だからこそ犬は、留守番中はもとより、長時間いたサークルから解放されたあとに「興奮性が異常に高まる」「過剰に吠える」「さまざまなものを噛んで欲求を満たそうとする」などの問題行動をしがちなのです。つまり留守番中は、犬が自由に部屋の中で行動できるような環境で過ごせるのが理想的です。

もちろん「誤食」などについての予防対策は必須です。

犬は「噛んでいいものと悪いもの（噛んだら危険なもの）」を判断することはできません。危険なものや噛まれて困るものは届く場所に置かないようにしたいものです。また、コードやコンセントはカバーをつけて噛んだりふれたりできないようにしましょう。キッチンやパソコンなどの電化製品がたくさんあるような場所は、「噛まれて困るもの」を移動することがなかなかできません。犬の安全を確保するためにもゲートなどでそこへ入れないようにするなど管理してあげましょう。

また、トイレのしつけが不十分な子犬（もちろん成犬の場合も）は、部屋の中を自由にさせすぎると失敗が増えてしまいます。そのため、部屋の中の一角に、十分に動き回れる広さをサークルなどで囲って確保し、過ごさせてあげるといいでしょう。

飼い主さんの事情や住んでいる生活環境はさまざまでしょう。しかし「犬が自由に行動できる広さ」を確保するための工夫を、それぞれのスタイルに応じて最大限にしてあげたほうが、犬は落ち着いて留守番ができます。

そうすることで留守番中はもとより、その後の問題行動もぐんと減ることでしょう。

「留守番中は外が見えたほうが開放的でしょ?」➡完全NGです

留守番中、開放的で退屈しのぎになる(はず)との理由から、「犬が窓から外の景色を見えるようにカーテンを開けたまま留守番をさせる」飼い主さんがいます。

これは完全にNG。やめたほうがいいでしょう。多くの場合、外を歩く他の犬や人を見て「過剰に吠えてしまう」問題行動に発展してしまいます。

理由は次のとおりです。

犬はなわばり意識が強いため、自分のなわばりである家の近くに他の犬や見知らぬ人が近づくと、警戒して吠えることで近づかせないようにします。

外を歩いている犬や人はただ通り過ぎて(勝手にいなくなって)いるだけですが、吠えた当人(愛犬)は「自分が吠えたことで追いやった」と学習するため、再び犬や人が通り過ぎるのを見ると日に日に過剰に吠えるようになってしまうのです。

また犬や人の姿を直接見ていなくても、声を聞くだけで吠えるケースも多く見受けられます。ふだん自分のなわばりの中で聞くことのない、知らない人や他の犬の声を聞くことでなわばりを守ろうと警戒するからです。これは留守番時以外にも言えることです。

では、いったいどうすればいいのかお伝えしましょう。

犬が安心して留守番できるように、サンシェード（日よけ）や垣根を設けたり、カーテンを閉めたり、窓に目隠し用のフィルムを張ったりなど、外の環境を見えづらくしてあげましょう。外から聞こえる音に関しての防音はなかなか難しいので、テレビの音や音楽を流しておくことで、外の音を聞こえづらくしてあげるとよいでしょう。

人の声や車の音、ほかの犬の声など、効果音が収録された音源があります。

子犬の頃からさまざまな音に慣らしておくと、外から聞こえる音への警戒心を和らげることができるため、社会化トレーニングの一環としてたくさんの音源を聞かせましょう。もちろん成犬になってからでも、小さな音から少しずつ慣らすことで、外から聞こえる音への警戒心を和らげる効果が期待できます。

最後に留守番する場所について。窓や玄関は、なわばり（家）の境界に近いため犬が外の刺激に過敏になりやすいです。また壁より防音効果が薄いため可聴域（聞こえる範囲）が広く、音に神経質な犬にとっては落ち着かない場所ですので気をつけましょう。

朝ごはんは留守番中に食べさせると◎

犬の幸せを考えると、長時間留守番させることは避けたい。しかし、現実的に難しい場合もある……。そんなときは少しでも愛犬のストレスを軽減できるよう、留守番のさせ方を工夫してみましょう。

まずはなによりたくさん運動をして、留守番前にヘトヘトに疲れさせることが大事です。疲れていれば「留守番中の睡眠時間が増える⬇愛犬が退屈に感じる時間が減る⬇おのずといたずらをする頻度も減る」ものです。

外出前にお散歩することも大切ですが、疲れるまでの運動欲求を満たすことはなかなか難しいもの。第3章の犬の「遊び」の最新知識を参考に、飼い主さんがおもちゃを介してたくさん遊んであげましょう。

また、朝ごはんをすべて器で与えるのではなく、知育玩具などに詰めて出かける直前に与えるのもおすすめです。

朝ごはんを入れる知育玩具は1個に限る必要はありません。さまざまな種類の知育玩具をいくつも用意して分散して詰めましょう。そうすることで、すべて食べるのにたくさんの時間を要するため、そのぶん退屈な時間を解消することができるのです。

コングなどはドッグフードをそのまま入れるとすぐに出てきてしまいます。そこで液体状のおやつを少し入れたり、干し肉のような硬いおやつを蓋代わりに詰めたりすることでドッグフードが出にくくなり、さらに長時間楽しむことができます。

「がま口」のような形状のガジィー（GUZZY）や、食べものを入れるところにゴムつめがついている「リッチェル ビジーバディー ワグル」などは、ドッグフードをそのまま入れても出づらい構造をしています。コングではすぐにドッグフードを食べてしまう〝上級者〟の犬におすすめです。

多頭飼いの場合は奪い合いで喧嘩にならないように、お留守番時にはサークルなどで物理的に居場所を分け、それぞれが安心して食べられるように環境を整えましょう。

しっかり遊んでから、知育玩具で時間をかけて朝ごはんを食べる。これだけでも愛犬の留守番中のストレスをかなり軽減できるのでぜひ試してみてください。

飼い主の匂いや声が留守番中の不安を軽減させる

2016年、韓国のソウル大学が行った研究により、飼い主の「匂い」や「声」が、飼い主と離れたときの犬の不安を軽減させることが明らかになりました。

この研究は28頭の犬を対象に行われ、犬が初めて来た部屋にひとりで残されたときのストレスレベルを評価しました。

対象の犬たちは部屋に残されたときに「A：何も与えられない」「B：調査前から1週間、着続けた飼い主の匂いが染みついたTシャツを与えられる」「C：飼い主が本を朗読したのを録音した声が流れている（飼い主は調査の1週間前から、寝る前に10分間、犬に対して朗読をする）」の3つのグループに分けられました。

それぞれ飼い主と一緒に入室。犬には5分間自由に室内を探索させたあと、次の6回のタイミングで唾液の中に含まれるストレスホルモン（コルチゾール）の測定値が測定されました。

①（飼い主の）退室直後、②退室して5分後、③退室して10分後、④退室して15分後、

⑤退室して20分後、⑥飼い主が再入室して5分間犬をかまってあげた後。
結果、何も与えられなかったAのグループは、飼い主が退室した直後（①）に比べ、飼い主が退室した5分後（②）にストレスホルモンの値が急上昇したのに対し、他の二つのグループには顕著な上昇がみられませんでした。

さらにAのグループは、ストレスホルモンの値が急上昇したとき（②）に比べ、飼い主が再入室して5分間犬をかまってあげた後（⑥）にはその値が顕著に下がっていたのに対し、他のグループでは同じく大きな変化はみられなかったのです。

こうして飼い主の「匂い」も「声」もしない部屋に残されたことに大きなストレスを感じたグループAの犬たちは、飼い主と再会したことでストレスが緩和したことから、飼い主の「匂い」や「声」は留守番中の犬の不安を軽減させることがわかりました。

留守番中の犬の様子が確認できる「ドッグカメラ」にはネット回線を介して飼い主の声を聞かせる機能がついているものもあります。定期的に声をかけてあげたり、飼い主さんの着ていた服を近くに置いたりしておくと、愛犬の不安を和らげられるでしょう。

寂しさを紛らわすために多頭飼いしたほうがいい？

留守番中の愛犬の寂しさ解消を目的として、多頭飼いを検討される飼い主さんもいらっしゃいます。

たしかに群れで生活する習性がある犬にとって、一緒に過ごす仲間がいたほうがひとりぼっちでいるよりも不安が軽減され退屈しのぎにもなるかもしれません。

しかし「寂しさを解消させる」という理由のためだけに短絡的に多頭飼育をすることにはさまざまなデメリットもあるため、注意が必要です。

まずなにより、先住犬と新たに迎えた犬の相性が悪ければ、寂しさが紛れるどころかそれぞれの犬にとってストレスになってしまいます。喧嘩をすれば、同じ家の中でも別々の部屋で過ごさせる必要も生じます。

また、犬は「社会的促進」といって、他の犬と同じことをしたがる習性があります。たとえば先住犬が「日頃から過剰に吠える」問題を抱えていた場合、新しく迎えた犬も同じように吠えるようになることがあるのです。

先住犬と迎え入れる犬の大きさや年齢差にも注意が必要です。

大型犬と小型犬の場合。お互いは遊んでいるつもりでも大型犬のほうが力が強いため、小型犬がケガをしてしまうことがあります。

さらに高齢の先住犬に対し、迎え入れた犬が子犬かつ年齢差が大きい場合。子犬のテンションが高すぎることや、遊びに誘うため必要以上にちょっかいを出すことで（老犬である）先住犬が落ち着けずストレスになることも……。

このような多くの問題があるため、安易な多頭飼育は避けたほうがいいでしょう。もちろん、新しい犬を迎え、家族が増えることは先住犬にとっても刺激になり、毎日の生活にうるおいを与えてくれるものです。

多頭飼育をする場合は、「（先住犬を）他の犬に慣らしておく」「喧嘩にならないようにしつけておく」「問題行動をなくしておく」「大きさや年齢差も考慮する」など、始める前から十分な準備をしておきましょう。

そして多頭飼育を始めた後は、飼い主さんがそれぞれの犬に時間をかけて接してあげることがなにより大切です。

多頭飼いは分離不安の対策に効果がないかも

「もう1頭いたほうが寂しさは紛れるのでは――」

こんな安易な理由で多頭飼いをしてしまうと、さまざまな問題に発展してしまうことがあります。しかも２０２１年にドイツとスイスの研究チームが行った研究では「多頭飼育は犬の分離不安の解消には効果がないかもしれない」と示唆されています。

この研究では、定期的に留守番をしている家庭の犬（単独で飼われている：32頭、複数で飼われている：45頭）を対象に、留守番中の犬たちの行動をビデオで録画して調査しました。

その結果、①犬が歩いたり走り回るなど活動する時間、②吠えたり遠吠えしたりする時間、それぞれが、単独飼育の犬に比べ多頭飼育の犬のほうが長いことがわかったのです。とくに吠えたり遠吠えしたりする時間は、多頭飼いのオス犬で多くみられました。

また、留守番中に犬がいた主な場所に関しても、多頭飼育の犬は、留守番の時間が長くなるほど飼い主が帰ってくるドアのそばにいる傾向が強かったのです。

この結果（単独飼育の犬のほうが多頭飼いの犬に比べ、留守番中のリラックスした時間が長く吠え声も少なかったこと）から、ほかの犬が一緒にいるからといって、飼い主と離れることのストレスを緩和できるとは限らないことが示唆されました。

犬の遠吠えは「孤独から生じる不安」と関連していて、その鳴き声をほかの犬が聞くことで不安の感情が伝染していきます。留守番に不安を感じていない犬でも、すでに留守番で不安を感じている犬が遠吠えなどをすれば「飼い主と離れたことによる不安」が伝染してしまう可能性があるので注意が必要です。

犬がすでに分離不安の症状を見せている場合、ほかの犬を飼うだけでは問題の解決にはなりません。それぞれの犬が飼い主と離れることへ慣れるように練習をする必要があるのです。

何かの問題が生じた際、その解決を犬同士に委ねるのではなく、やはり飼い主さんがそれぞれの犬と向き合い、個性に合った接し方としつけを行う必要があります。

お留守番のときだけ問題行動➡分離不安が原因かも

ふだんの生活ではできているのに、留守番中や飼い主と離れたときにだけ過剰に吠えたり、いたずらや排泄の回数・失敗が増えたりするのであれば、「分離不安」の可能性があります（留守番の開始直後から30分以内にこれらの兆候がよくみられます）。

さらに分離不安の傾向がある犬は、飼い主さんが外出の準備をした時点で不安を感じ始め、後追いしたりソワソワしたり、呼吸が荒くなったりヨダレを流すなどのサインを示します。

その原因は多岐にわたります。

「ひとりで留守番した経験が少ないのに長時間の留守番が増えた」「引っ越しやリフォームなどで家の中の環境が変わった」「ライフスタイルが変化した」「家の中や敷地内で怖い経験をした」「退屈な時間が長い」「家族もしくは同居の犬との死別」など……。

これらの条件が一つでもあてはまる場合は、とくに注意深く観察してあげましょう。

もし分離不安になってしまった場合。

飼い主の対応が遅れれば犬の不安は日増しに強くなり問題が悪化してしまいます。場合によっては抗不安薬などの使用が必要なこともある。愛犬が極度の分離不安を抱えている場合は、獣医師または、動物の行動学に長《た》けている専門家に相談するのが最善の策です。

また、ふだんから怖がりの犬は、分離不安になりやすいこともわかっています。

2016年、フィンランドのヘルシンキ大学が、犬がもっとも不安に感じやすい「見知らぬ人や新しい状況に対する恐怖」「大きな音に対する恐怖」と分離不安との関係性を調査しました。

その結果、分離不安の犬の58・8％が「見知らぬ人や新しい状況」に対して、49・5％が「大きな音」に対して恐怖反応を示すことが明らかになりました。怖がりの傾向が強く、音に対して敏感な犬は分離不安にもなりやすいことが示唆されたのです。

これらのことから、子犬の頃から十分に社会化教育を行い、さまざまな音に慣らしておくことが分離不安の予防につながると考えられます。

第7章　犬の「健康管理」の最新知識

犬は虫歯になりにくい

最近では、人間だけでなく犬も口腔《こうこう》内のケアが注目され、日頃から歯を磨くことが推奨されるようになりました。人の場合、歯磨きは虫歯や歯周病の予防を目的として行われますが、犬は虫歯になりにくいため、主に歯周病の予防を目的に行われます。

犬が虫歯になりにくい理由としては、①唾液のpH（ペーハー＝水素イオン濃度）、②アミラーゼがない、③特徴的な歯の形、などがあります。

まずは①の理由について。pHは7が中性で、それより高くなるとアルカリ性、低くなると酸性となります。虫歯菌は口の中が酸性だと増える傾向がありますが、犬の唾液はpHが8～9とアルカリ性であるため、そもそも虫歯菌が増えにくい環境なのです。また、虫歯菌は「食事に含まれる糖」をエサに酸を作りだして歯を溶かしてしまいますが、アルカリ性の犬の唾液はその酸を中和できるため、より虫歯になりにくいのです。

つづいて②の「アミラーゼがない」ことについて。（人間の）唾液に含まれるアミラーゼという酵素は、食事に含まれるデンプンを糖に変えますが、犬の唾液にはそもそもアミラーゼがありません。よって、虫歯菌の餌となる糖がデンプンから作られないことも虫歯になりにくい理由の一つです。

最後に③の「歯の形」について。人の歯は「臼《うす》」のような形をしているため、歯のくぼみに虫歯菌がたまりやすい。一方、犬の歯の多くは先がとがった形をしているため、虫歯菌が繁殖しにくい構造となっています。

これらの理由から、犬は虫歯になりにくいといえます。とはいえ、まったく虫歯にならないわけではありません。1998年にカナダで行われた調査でも、435頭のうち23頭の犬（5・3％）に一つ以上の虫歯が見つかっています。


万が一、歯周病になり歯肉が炎症すると、その部分の血管がもろくなって細菌が入りやすくなります。侵入した細菌が全身へと散らばると、腎臓や心臓、肝臓に重篤なトラブルを起こす原因になることも……。人間と同じく、犬の虫歯や歯周病も歯磨きをすることで予防ができます。犬は虫歯になりにくいとはいえ、少なくとも3日に1回（理由は後述します）の歯磨きを習慣化して口腔内をケアしてあげましょう。

口の中の健康を保つには「たくさん噛んで運動すること」

前述したように、犬の唾液はアルカリ性のため虫歯菌が増えにくいことがわかっています。しかし、唾液の分泌量が減ると口腔内が酸性に傾き、虫歯菌が増えやすい環境になってしまうため注意が必要です。

また、唾液には「口腔内の歯垢《しこう》や細菌を流し出す」「細菌やウィルスを殺したり、増えたりするのを抑制する」といった作用もあります。唾液の分泌を促すことはとても需要なのです。

人と同じように、犬も「よく噛む」ことで唾液の分泌を促すことができます。しかし、家庭でペットとして飼われている犬は、獲物の肉を噛みちぎったり骨を噛み砕いたりするわけではないため、噛む機会が少ない傾向がある。ドッグフードだとほとんど丸呑みするため、噛む回数はなかなか増えないのです。

そこで、この本に何度も紹介している知育玩具の出番となるわけです。知育玩具にドッグフードを入れて与えることで噛んだりなめたりしながら食事をするため、唾液の分泌量もおのずと増えます。

　飼い主さんとロープなどのおもちゃを介して引っ張りっこ遊びをするのも効果的。おもちゃを噛む機会が増えることで唾液の唾液の分泌が促されますし、歯の表面が研磨されて歯垢の除去にもつながります。いいことずくめです。

　さらに水をたくさん飲むことでも、唾液の分泌を促して口内の歯垢や細菌を流れやすくする効果が得られます。たくさん遊んで体を動かせばおのずと水を飲む量も増え、口腔内のケアにもつながるのです。


　また最近ではデンタルケアを目的とした犬用のガムやおもちゃもたくさん販売されているのでぜひ試してみましょう。歯磨きを一生懸命やっていても、適切な運動や噛む機会が確保できていなければ、結果として虫歯や歯周病を発症しやすくなってしまいます。

　動物の体はすべてが互いに影響しあっているため、全体を通して健康を考えることが、愛犬のすこやかな〝犬生〟につながっていくのです。

歯ブラシに慣らすには➡「毎日歯ブラシをなめさせる」

いくら歯磨きが大切とはいえ、実際には犬はいやがるもの。上手にできなくて困っている飼い主さんも多いでしょう。

犬が歯磨きをいやがる理由として、①口元（マズル／口のまわりから鼻先にかけての部分）をさわられることに慣れていない、②歯ブラシを口の中に入れられることに慣れていない、などがあげられます。

基本的に、犬はマズルをさわられることをいやがります。

マズルをさわることに慣らすためには、「マズルを一瞬でもさわったらごほうびを与える」➡「マズルをさわる時間を少しずつ伸ばしていく（都度ごほうびを与える）」というように、大好きな食べものを少しずつ与えながら「さわられること」をよい印象にしていく必要があります。

さわられることに慣れたら、また少しずつ口の中に手を入れ、歯や歯茎をさわられたりすることにも慣らしていくことで、歯磨きをいやがらなくさせる練習になります。

これらは子犬のときから慣らしておくと、より受け入れてもらいやすくなるでしょう。すでに口元をさわられることをいやがっている成犬の場合は、根気よく少しずつ慣らしていかなければなりません。

過度にいやがったり、噛みついてくるような問題がある場合は、必ず専門家に相談しましょう。それぐらい、犬にとって口元をさわられることは嫌なことなのです。


犬からすれば「歯磨きをすることが健康管理に必要」だとは考えられません。そのため、異物である歯ブラシを口の中に入れられることにも不安を感じます。この状況にも慣らす必要があります。この場合は、毎日、歯ブラシに液体状やペースト状のおやつを塗ってなめさせてあげれば、比較的、簡単に慣らすことができます。最近では、犬が好む歯磨きペーストも販売されているので試してみてください。

なかには、歯ブラシを噛んで遊んでしまう犬もいます。噛んで破壊すると誤飲してしまう可能性があるので、少しでも壊れたら新しい歯ブラシに変えましょう。

おやつをあげながら歯磨きしてもOK!

「口元をさわることに慣らす」「歯ブラシを口の中に入れる」ことに慣れてきたら、次はいよいよ歯磨きですね。

このときもごほうびを与えながら慣らしたほうが効果的です。「食べものを与えながら歯磨きをしていては、歯磨きの意味がないのでは?」と抵抗があるかもしれません。しかし、まったく問題ないので心配無用です(理由は後述)。

犬の唾液はアルカリ性なので虫歯にはなりにくいものの、それと同時に、歯垢から歯石が作られやすい環境にもなっています。

歯垢=「食べものの残りカスが歯の表面につき細菌が繁殖したもの」です。さらに、唾液中に含まれるカルシウムやリンといった成分によって歯垢が石灰化すると「歯石」となります。歯石の表面は、でこぼこしているので細菌が付着しやすい。そのため、歯石が増えると歯周病のリスクが高まるのです。

じつは、犬のように唾液がアルカリ性に近ければ近いほど歯垢が石灰化して歯石になりやすくなるため、人に比べ4～5倍のスピードで歯石に変化し、わずか3～5日で歯垢が歯石へと変わってしまうので注意が必要なのです。

このような理由から、少なくとも3日に1回、歯垢が歯石に変わる前に歯磨きをすることが推奨されています。これは言い換えれば「3日以内に歯磨きを継続して行っていれば、歯磨きの最中に食べものを与えても、歯石に変わる前に（ほぼ）必ず歯垢が取り除かれる」ということです。

もちろん、食べものを与えなくても歯を磨けるなら、それがベスト。しかし、歯磨きをいやがり上手にできなくなれば、結果として3日に1回どころかまったくできなくなってしまう可能性もあり、大きなリスクとなってしまいます。

継続して歯磨きを続けるために。初めから一度にすべての歯を磨くのではなく、「上の歯が半分磨けたらごほうびをあげる」といったように、少しずつ歯磨きに慣らしながら、ごほうびを与えることでよい印象を持たせてあげるといいでしょう。

知育玩具に液体状やペースト状のおやつを入れ、なめさせながら歯磨きをすることで、いやがることなく歯磨きができる子もいます。

ブラシをいやがるのは「痛いから」

「愛犬がブラッシングをいやがって困っている」

飼い主さんからよく聞く悩みです。

ブラッシングには体についた汚れを落とす効果があり、犬の毛を清潔に保つためにも欠かせません。なんとかしたいですよね。

いやがる理由はものすごく単純で「痛いから」。

これは主に飼い主さんがブラシの使い方をまちがっていることが原因にあげられます。

なかでも代表的なものが（犬のブラシとして馴染みが深い）「スリッカーブラシ」の使い方です。「スリッカーブラシ」はペットショップですすめられやすく、多くの方が使っているのを目にします。「く」の字型にまがったピンが付いていて、毛玉のもつれをほぐしたり、毛をすいたりするのに有効なブラシです。「長毛の犬種」や「耳の下の飾り毛」など、絡んだりもつれたりしやすい長い毛に向いています。

このブラシを使うときに注意したいのはとにかく「力を入れないこと」。ドラマなどで目にするイメージの影響か、力強くブラッシングする方が多いのです。しかしスリッカーブラシのピンは針金でできているため、力を入れすぎて直接犬の皮膚に当たってしまうと傷つけてしまいます。犬の皮膚のいちばん外側を覆う表皮、角質層の厚さはなんと人の1／3程度。刺激に弱く、傷つきやすい構造なのでより注意が必要です。

さらに毛玉ができていたり、毛がもつれたりしているとピンが引っ掛かりやすく、強く引っ張られることでより痛みを与えてしまいます。

このようにブラシの正しい使い方を知らないと、気がつかないうちに愛犬に痛みを与えてしまい、ブラシ自体をいやがるようになってしまいます。

スリッカーブラシの使い方が難しいようであれば、長毛の犬種には「ピンブラシ」を使うのもおすすめです。ブラシのピンが柔らかく、先端が丸まっているため皮膚を傷つけにくく、さらに毛に絡まりにくいため長い毛や細い毛が切れにくいのも特徴です。

短毛の犬種であれば「ラバーブラシ」がいいでしょう。ブラシ自体がゴムでできているため皮膚を傷つけることがありません。マッサージ効果も期待できます。

いずれにしてもブラッシングはやさしく丁寧に。これが基本です。

耳掃除➡必ずやる必要はありません

意外に思われる方も多いのですが、じつは犬の耳掃除は必須ではありません。

犬には耳垢《みみあか》（汚れ）を自然と外に出す「自浄作用」が備わっているからです。

（病気などの問題がなければ）この自浄作用によって耳の表面に出てきた耳垢を、専用のイヤーローションをつけたコットンでやさしく拭きとるくらいのケアで十分なのです。

もちろん綿棒や耳かきでの耳掃除は完全にＮＧです。

理由は明白です。耳の中を傷つけたり、耳垢を奥に押し込んだりしてしまうことで「外耳炎」などの病気の原因にもなりかねません。

このような誤った方法の耳掃除では、本来持っている皮膚のバリア機能も損なってしまいます。

冒頭でお伝えしたコットンで拭きとる意外のケアとして大事なことは、「耳垢の量が増えていないか？」「耳の中が臭くないか？」「皮膚が赤味を帯びていないか？」など、定期的に耳の状態を観察して病気の早期発見をすることです。

とはいえ、耳をさわったり耳の中を見られたりするのをいやがる犬もいますよね。

その場合は「耳を一瞬でもさわったらごほうびを与える」→「耳をさわる時間を少しずつ延ばしてごほうびを与える」といったように、大好きな食べものを与えながら、耳をさわられることを「よい印象」にしていってあげるのがおすすめです。

もちろんコットンでのケアの際も、耳垢を拭き取ったら必ずごほうびを与えるようにしましょう。


ただし、「すでに外耳炎になっている犬」や「垂れ耳で、耳毛が多く外耳炎が発症しやすい犬」などは、定期的な外耳道の洗浄が必要になります。

こうした場合は特殊な耳掃除の方法となるため、必ず獣医師の指導を受けてから行うようにしましょう。

耳の中の毛は「抜かなくていい」

犬の耳のケアにおいて、（犬種などにより）もう一つ大切なのが耳毛の処理です。

一般的に、プードル、ミニチュアシュナウザー、マルチーズといった、顔の毛が伸び続ける犬種は耳の毛も同じく伸び続けます。

そのため耳の中の通気性が悪くなって蒸れやすくなり、外耳炎などの病気をおのずと発症しやすくなるため処理が必要とされてきました。

「耳の状態が確認しづらい」「耳垢がたまりやすい」「見た目がよくない」など、耳の毛が処理されるようになったのにはそのほかにもさまざまな理由があります。

耳毛の処理方法については、耳の中に滑り止めのパウダーを入れ、カンシ（はさみに似た金属性の医療器具）で毛をつまんで引き抜くやり方が主流とされてきました。

このような（痛みを伴う）「毛を抜く」スタイルで処理するようになったのは、犬の耳の内部の皮膚が非常に繊細でデリケートなためです。ハサミなどで傷つけてしまうと大量の出血と痛みにつながるため、「抜いたほうが安全」と考えられてきたのです。

しかし、ドッグサロン「leaf dog」のオーナーグルーマー（トリマー）である石井あゆみ氏によると、毛を抜かれるときの痛みで耳をさわられること（ケア）自体をいやがるようになってしまったり、毛を抜くことが逆に外耳炎の原因になってしまったりすることもあるようです。

抜くのではなく、切るだけでもその目的は十分に果たせるため、犬の負担を減らすためにも、石井氏は切る耳毛の処理を推奨しています。

こうして石井氏など最先端の技術をもったグルーマーが中心になって普及啓蒙《けいもう》活動を行っていることや、犬の耳の毛を安全に切ることができるハサミが開発されたことから、抜くのをやめ、切ることで耳毛の処理をするグルーマーも増えてきました。

自身の愛犬の耳毛を処理する必要があるかどうかは、獣医師に確認しましょう。

そして耳毛の処理が必要であれば、切って処理してくれるグルーマーにお願いしたほうが、愛犬の負担も少なくなるはずです。

健康管理をいやがるのは「拘束されたくないから」

「歯磨き」「ブラッシング」「体ふき」など——。

日々の健康管理をいやがる犬に共通する特徴があります。

それは「体を拘束されること（保定《ほてい》）に慣れていない」ということです。


犬は飼い主さんに甘えたいときなど、自ら望んでいるときは抱かれることを好みます。

しかし保定に慣れていない犬の場合、人の都合で抱きしめると、「拘束されて自由に行動できなくなる……」と感じ、不安になってしまうのです。（歯磨きなどの）健康管理を行う際はもちろん、写真を撮るときや動物病院での診察や病気の治療時などは犬が動かないように抱きしめて拘束をするため、注意が必要です。

このことを裏付ける調査結果があります。

カナダにあるブリティッシュコロンビア大学の教授、スタンリー・コーレン博士は、「抱きしめられている犬の不安」について調査しました。手順は次の通りです。

「インターネット上に掲載されている飼い主と犬の写真のうち、『飼い主が犬を抱きしめている写真』をランダムに250枚選ぶ➡写真に映っている犬が『あくびをする』『顔をそらす』『唇をなめる』など、不安を感じているときに見せるサインを出しているかどうかを確認する」

その結果、「抱きしめられることに安心している」犬が写っている写真は、全体のわずか7・6％しかなかったのに対し、「不快感やストレス、不安の兆候を示している」犬が写っている写真は81・6％もあったのです。

ではどうすればいいのか――。

第一に子犬の頃から拘束されることに慣らすことが大切です。

3か月齢までの子犬であれば抵抗は少なく、比較的スムーズに慣らすことができます。なるべく早いうちにしつけ方教室などに通い、保定の練習方法を教わるといいでしょう。

すでに拘束することに激しく抵抗するような成犬の場合は、飼い主判断で練習するのは危険です。不適切な方法で練習すれば、さらに拘束されることに恐怖を感じ、自己防衛で噛みつくようになってしまうこともあります。必ず専門家に相談してください。

気温が高くなくても熱中症になる

夏になると熱中症予防のため、部屋の「温度」に気を配るようになりますね。しかし、犬の快適な暮らしのためには、「湿度」の管理も実は重要です。

犬は体温調節のために発汗を行う汗腺（エクリン腺）が肉球と鼻先の小さな範囲にしかありません。よって全身に汗腺がある人間のように、汗をかいて上手に体温調節をすることが苦手です。高温多湿の環境であればなおさらです。

少しわかりづらいので、まずは汗をかくことで体温が下がる仕組みから説明しましょう。汗をかいた後、その汗が乾く（気化／蒸発する）ときに、気化熱（液体が蒸発するときに奪う熱のこと）として身体の熱が吸収され、体温を下げます。これは、お風呂上がりに濡れたままでいると体が冷えるのと同じ仕組みです。

では、そもそも汗腺が少ない犬はどうしているのでしょうか。

犬が走ったり遊んだりしたあとに、「ハッハッハッ」と短く息をしているのを見たことがあると思います。このような浅く早い呼吸をパンティング（浅速呼吸）といいます。

パンティングをすることで口の中や気道から水分を蒸発させ、その気化熱によって体を冷やし、なんとか体温調節をしているのです。

端的にいえば、犬は体温調節の効率がとても悪い。とくに梅雨の時期など、高温多湿の環境ではパンティングをしても唾液が蒸発しづらいため、温度が高くなくても体温がなかなか下がらず、熱中症になる危険性が高まってしまうのです。

ですのでエアコン（クーラー）の設定をする際には次のことに注意してください。

一般的に、犬にとって快適な室温は20度前後であると考えられています。しかし、設定温度を20度にしてしまうと室内が冷えすぎてしまうため、26度前後の設定にするとよいでしょう。また、犬の快適な湿度は40％～60％です。梅雨の時期に入る5月ごろから湿度にも気を配り、除湿機能などで空調管理を行ってあげましょう。

パグ、フレンチブルドッグ、ボストンテリアといった鼻の短い短頭種は口の中の面積が狭いため、気化して熱を逃すのがとくに苦手です。室内の空調管理には十分に注意してあげてください。

夏でも冬でも過度な温度設定は危険！

季節に応じて室内の温度管理をするのは重要ですが、やりすぎるとかえって犬が体調を崩してしまうので注意が必要です。

たとえば夏の場合。熱中症や暑さ対策にエアコンは欠かせませんが、過剰に低い温度に設定すると体が冷えすぎて自律神経が乱れ、血流が悪くなり、臓器機能が低下してしまいます。おのずと「元気がなくなる」「食欲不振」「嘔吐や下痢」など、不調をきたすようになりがちです。いわゆるクーラー病です。とくにシニア犬は代謝と循環機能が低下しているため体が冷えやすいため、注意がより必要です。

また、冷たい空気は下に溜まります。人間よりも床に近い場所で生活している犬は人が感じているよりも寒く感じている可能性があります。前述したように、26度前後の設定がよいでしょう。夏でもハウスの中に毛布を敷いておくなど、寒くなったら犬が自由に移動して体を温められる工夫をしてあげるのもポイントです。

筋肉を増やして、代謝を高めてあげることも重要です。

運動量が少ない犬は筋肉も少ないため、自らの熱生産量（代謝して熱を放出すること）が低くなりがち。夏場は暑さのせいで散歩量も減る傾向があるため、家の中でおもちゃを使って一緒に遊んで運動量を増やしてあげましょう。

夏同様、冬の「温めすぎ」にももちろん注意が必要です。

犬は体温調節の効率が悪いため、温かい場所にいると人よりも加速度的に体温が上昇します。そのため体が温まりすぎると冬でも冷たい場所に移動して体を冷やし、体が冷えてきたら再び暖かい場所へ移動することを繰り返すのです（よく目にする光景かもしれませんね）。

「寒いと可哀そうだから」と犬が移動できる場所すべてを温めてしまう飼い主さんがいますが、これでは冬でも熱中症になってしまう危険があります。できれば温かい場所と冷たい場所を両方用意して（これは夏も同様です）、犬が自由に居場所を選択できるように環境を整えてあげましょう。

犬は自らエアコンの設定を変えたり、服を着たりして体温調節をすることができません。犬が自ら感じている体の温度を調節できるような環境設定づくりが大切なのです。

第8章　犬の「幼児教育」の最新知識

早期に母犬と引き離されるとストレスに弱い子になる

愛犬の成長後の性格は、日頃の家庭環境や育て方だけでなく、生まれてから飼い主さんの自宅に来るまでの飼育環境にも大きな影響を受けます。

たとえば、生まれたばかりの生後2〜3週齢の時期に母犬と十分にふれあっていなかったり、「授乳」や「毛づくろい」などの世話（愛情）を十分に受けていなかったりした子犬はとくに注意が必要です。成長後にストレスに対して敏感になり、過度な不安症や攻撃的な性格になる可能性があります。

また、子犬は生後3〜12週齢に「社会化期」を迎えます。恐怖心、警戒心がまだ低く、さまざまな物事に対し好奇心を持ち始める。この時期にふれあった人や犬、他の動物に対し、生涯を通じて愛着を形成して、適切なふるまいを身につけるようになる、いわゆる「社会化」が起こります。

社会化期の前半（3〜8週齢頃）は「（他の）犬への社会化」、後半（9〜12週齢）では「人への社会化」が促進するといわれています。そのため、生後8週齢頃まで母犬や兄弟犬と一緒に育たないと、十分な社会化が行われず、成長後に他の犬と上手にコミュニケーションがとれなくなってしまう可能性もあります。

さらに、生後6週齢に母親から引き離すと、ストレスや発病率、死亡率が上昇するという研究結果も……。このように早い段階で母犬と引き離してしまうと、犬は健全に育たず、人との生活にもさまざまな支障をきたすようになってしまうのです。

現在では、2019年に「動物の愛護及び管理に関する法律（動愛法）」が改正されたことにより、日本犬6犬種を除いて、生後56日（8週齢）を経過していない子犬は販売してはいけないことが定められました。今後さらに、健全な犬を育てていく社会を目指すには、販売側の規制だけでなく、購入者側も正しい知識を持ち、不適切な繁殖や育成をした子犬を欲しがらない姿勢を示すことが重要です。

また、人から子犬を譲り受けるなどして、8週齢以内に母犬と離れてしまった子犬がいる場合、もしくは、そのまま成長してしまった成犬がいる場合の対処の仕方については、この後の項目でくわしく解説します。

犬が人と幸せに暮らすために➡社会化トレーニングが必須

動愛法により、ペットショップなどで購入できるのは最短でも生後８週齢以降の子犬です。

社会化期の後半（９～12週齢）であれば、まだまだ好奇心が強く吸収力が高い時期。飼い主さんの新しい家庭での生活や、人間の社会で生活していく上で必要なことを慣らすには最適です。

しかし、油断は禁物。家庭に迎え入れてから社会化期が終わるまでの時間はとても短く、８週齢直後に迎え入れたとしても最長で４週間しかありません。子犬を迎え入れてから育て方やしつけの仕方を学ぶのでは遅すぎます。飼い主さんは、飼い始める前から学んでおく必要があります。

人間の場合を考えてみてください。

あたらしく子どもを迎える方の多くが、さまざまな情報誌を見たり、自治体が開催する「両親学級」などに参加したりすることで、子育てについての基本的な知識や情報を学んで準備をされるでしょう。それとまったく同じことです。

最近では、子犬の飼い方・しつけ方に関するネットや本の情報はもちろん、「パピークラス（生後6か月未満の子犬を対象としたしつけ教室）」を開催する動物病院やペットショップも増えました。以前に比べ、情報が圧倒的に得やすくなっています。ぜひ有効活用してください。

社会化トレーニングが十分に行われなければ、愛犬にとって日頃の生活がストレスになってしまいますし、飼い主さんも多くの問題を抱えてしまいます。

これから子犬と一緒に暮らす方は、子どもを迎えるのと同じように、迎えたその日から社会化トレーニングに取り組めるよう、早めに準備をしておきましょう。

トレーニングの主な内容については、次の項目で詳しくご紹介します。

知っておきたい！　子犬の頃から「社会化」すべきこと

社会化トレーニングは、人間社会で生活するうえで将来出会う可能性のあるさまざまなものや状況に、子犬の頃から経験して慣らしていくことを目的とします。

具体的な対象は次のようなものです。

家庭内：掃除機、ドライヤー、インターホンの音、テレビ、ドア、食器、台所用品など生活用品そのものと、使用に伴う生活音、家の外から聞こえる音、など

屋外　：自動車、バイク、自転車、バス、トラック、電車、踏切、ベビーカー、のぼり、工事現場、傘、など

人　　：男性、女性、子ども、高齢者、外国人、獣医師、愛玩動物看護師、トリマー、制服を着た人などさまざまな容姿、さまざまな年代の人、など

動物　：小型犬、中型犬、大型犬、猫、野鳥、など

出来事：診察、トリミング、ペットホテル（飼い主との分離）、車に乗る、リードや首輪の装着、服を着る、など

もちろんこれらのものをただ見せたり、経験させたりすればいいわけではありません。前述したように、8週齢を過ぎると新規の刺激に不安や恐怖を持ち始めるため、無理に経験させると慣れるどころか、より恐怖心が強くなってしまうことがあります。

そのため、必ずごほうびを与えて楽しい印象を持たせながら、少しずつ段階を踏んで慣らしていく必要があります。

〝もの〟に慣らす場合は、まずはものから少し離れた位置で大好きなおやつなどを与えます。「震える」「吠える」などの恐怖反応がみられなくなったら、徐々に対象となるもの（刺激）に近づき、再び食べものを与えながら慣らしていきましょう。

飼い主以外の〝人〟に慣らす場合。ごほうびがもらえないほど緊張しているのであれば、まずは飼い主からごほうびを与え、対象となる人のそばでも食べられるように慣らしていきます。

その後、対象の人からごほうびがもらえると効果的です。手から与えられても食べない場合は、ごほうびを犬の近くに投げてもらい食べさせてあげましょう。

犬同士の社会化は「しつけ方教室」に通うのがベスト

犬同士の社会化を円滑に行うためには、飼い主さんと子犬が一緒に参加する「パピークラス」や、子犬を預かってしつけやトレーニングをしてくれる犬用の「幼稚園・保育園」に通ったほうがいいでしょう。

理由はいたってシンプル。ただ単にいろいろな犬と会わせるだけでは、社会化どころか、逆に犬嫌いになってしまったり、他の犬とのコミュニケーションが苦手になってしまったりする可能性が大いにあるからです。

どんな犬とでもとりあえず関われればコミュニケーション能力が培われる、というわけではありません。やはり相手の犬も他の犬に対して十分に社会化されている必要があるのです。社会化されていない犬と安易に交流すると、威嚇されたり手荒に遊ばれたりすることがあります。その結果、犬全般への恐怖心を持ってしまうことにもつながりかねません。

また、どんなに社会化された犬同士でも、相性が合わず喧嘩になってしまったり、体の大きさが違いすぎて恐怖心を持ってしまったりして、お互いに犬との関わりが不快な経験になってしまうこともあります。犬同士の社会化は、とても繊細で難しいのです。だからこそ、子犬の社会化トレーニングに精通した専門家が運営する「パピークラス」や「幼稚園・保育園」への参加にしたほうがいいのです。

たとえば次のような相談をいただくことがよくあります。

「子犬の社会化トレーニングのためにドッグランへ行ったはいいものの、ほかの犬に威嚇されたりしつこく追い回されたりなどの怖い経験をして、逆に犬が苦手になってしまったんです」

このような事態は、非常に残念なことです。将来、大事な愛犬が〝犬嫌い〟にならないように、飼い主さんによる判断でなく専門家の指導を受けながら適切な社会化トレーニングを行いましょう。

犬のワクチンが終わるまで家の外に出るのはNG？

生まれてすぐの子犬は、初乳を飲むことで伝染病に対する免疫（移行抗体）を母犬から譲り受けます。しかしこの移行抗体は、生後6～8週間くらいから徐々に減っていくため、完全に免疫がなくなる前に混合ワクチンを接種する必要があります。

一般的に子犬の頃は、混合ワクチンを3回（1回目：生後8週齢頃、2回目：生後12週齢頃、3回目：生後16週齢頃）に分けて接種しますが、免疫がつくまでには約2週間かかるため、最後のワクチンが終わってから2週間後までは家の外に出してはいけないとされていました。

しかし、（社会に順応する力を養う時期である）犬の社会化期は12週齢まで。混合ワクチンを打ち終わってから初めて外に出し、お散歩デビューするようでは、社会化期はとっくに過ぎ去っています。新しい刺激により強く恐怖や不安を感じるようになることで、外の環境に慣れづらくなってしまっているのです。そうなると、散歩で外に出ることが嫌いになり、生涯通じて毎日のお散歩が犬にとっても飼い主にとっても大きなストレスとなってしまいます。

そこで、混合ワクチンが終わる前から、スリングやカート、キャリーバッグなどを利用し、少しずつ外の環境を経験させて慣らしていきましょう。地面を歩かせたり、他の犬と接触させたりしなければ病気がうつる心配はありません。歩行者や散歩している犬などを見たり、車やバイクが走っている音を聞いたりするだけでも、十分に社会化が促進されます。

そのほか社会化トレーニングの一環として、人の声や車の音、他の犬の声など、効果音が収録された音源を子犬の頃から聞かせておくのもおすすめ。散歩中の外への環境にも慣れやすくなります。

また、雷の音や花火の音は夏に聞く機会が多いものです。

夏の時期に子犬でなかった犬たちは慣れないまま成犬になって初めてこうした大きな音を聞くため、よけいに恐怖を感じるようになりがちです。子犬の頃から犬がリラックスしているときに小さい音で雷や花火の効果音を聞かせて慣らしておくといいでしょう。

子犬が通う幼稚園や保育園の大きなメリット

人の場合、子どもの自立心を育むために、「お泊まり保育」や「祖父母の家にひとりで泊まりに行く」など、親元から離れた生活を経験させることがあります。

犬についても同じことがいえます。

もちろん、犬は自立し、飼い主のもとを離れて生活することはありません。しかし、「動物病院に入院する」「出張の際にホテルに預ける」など、飼い主と離れて生活しなければならないこともあります。子犬の頃に飼い主のもとを離れて生活する経験をさせ、適度な自立心を育んでおくことも大切なことなのです。

そこでおすすめしたいのが、犬が通う「幼稚園」や「保育園」のサービスです。さまざまな犬と関われば犬同士のコミュニケーション能力が培われるだけでなく、ほかの犬やドッグトレーナーと楽しい時間を過ごすことで寂しさが紛れ、飼い主さんと離れて生活することにも慣らしやすくなります。

ほかにも「飼い主さん以外の人への社会化がおのずと促される」「留守番で退屈な思いをしない（欲求不満にならない）」など、得られるメリットは多数です。

日中に預かってもらうことに慣れてきたら、ホテルで一晩過ごす経験もしておくといいでしょう。仕事やプライベートの都合でどうしてもホテルで預かってもらわなければならなくなったとき、子犬の頃から泊まり慣れているホテルがあれば安心です。子犬の頃は利用する機会がなくても、将来の備えとして経験させましょう。

犬を育てるのは飼い主さんの責任ですが、人間の子育てと同じように、飼い主さんだけでがんばっていると、行き詰まったり、不安になったりすることもあるかと思います。そんなとき犬の「幼稚園」や「保育園」では、子犬を育てていくうえでのアドバイスやサポートをしてもらうこともできます。

ぜひ、利用してみてください。

「子犬の若年期」は飼い主が困惑しやすい

社会化期を過ぎた生後12週齢から12か月齢ごろを「若年期」といいます（性成熟するまでなので個体によって期間は異なります）。

子犬の行動が日を追うごとに多様に変化するため、飼い主さんにとって悩みや心配事が急激に増える時期でもあります。

この時期の子犬は運動能力が飛躍的に向上することで動きが速くなり、活動性や興奮性も高まります。いろいろなモノへの執着も強くなります。さらに力も強くなったり、飼い主さんへの集中力も続かなくなったりすることから、意思疎通やコントロールが難しくなってきます。「名前を呼んだら飼い主に注目する」「呼んだら飼い主のもとへ来る」「『おすわり』『フセ』のトレーニング」などの練習を開始するといいでしょう。

そして練習の効率性を高めるためにも、一緒に遊ぶ機会を増やすことでコミュニケーションを深め、飼い主さんが子犬にとって〝より魅力的な存在〟になっていく必要があります。

社会化期を過ぎると恐怖心や警戒心が徐々に強まります。

4～6か月齢ごろから、いままで平気だったものを怖がるようになったり、気にしなかったものに吠えるようになったりなど、さまざまなものに過敏になってきます。

とくに若年期は「第二の社会化期」と呼ばれていて、社会化期に経験して慣れていたものでも、若齢期での経験が乏しくなってしまえば、再び恐怖心をいだくようになることもあります。そのため、若年期も社会化期と同様に、社会化教育を継続することが重要です。

しかし、この頃の子犬は思春期を迎えるため、心と体のバランスが不安定になりやすいのも事実です。あまり焦ることなく、寛容な目で成長を見守ってあげましょう。

飼い主さんだけでは問題や不安を抱えきれなくなったときは、必ず経験豊かな専門家に相談するようにしてください。

社会化教育は「犬種」の特性には勝てない

犬の社会化教育を行ったからといって、もちろん必ずしも人間との生活で問題なく過ごせるような、飼い主さんにとって望ましい性格に育つとは限りません。

2023年、フィンランドで犬の性格に影響を与える要因について、研究が行われました。この研究では1万頭以上の犬を対象に、その飼い主さんに性別、年齢、犬種などの犬の基本情報や、運動時間や留守番の時間といった犬の生活環境、子犬の頃の社会化教育の程度などについて質問をしました。

これらのアンケート結果から、不安感、エネルギー（活発度）、トレーニングへの集中度、攻撃性／支配性、人との社会性、犬への社会性、忍耐強さという7つの性格特性がどのような要因に影響を受けているのかが調査されました。

その結果、7つの性格特性すべてにもっとも強く関連していた要因は、なんと「犬種」だったのです。なかでも、攻撃性／支配性、人との社会性、忍耐強さの特性は、犬種とより強い関連がありました。

そして「犬種」以外の環境要因としていちばん影響を与えていたのが、「子犬の頃の社会化教育の程度」です。生後7週間から4か月の子犬の時期に多くの社会化教育をされた犬は、不安感や攻撃性／支配性が低く、トレーニングへの集中度、人間や犬への社会性が高いという性格特性が示されたのです。


このように、犬の性格は「犬種」＝生まれ持った遺伝的な「気質」と生活環境で経験する「学習」との相互作用によって作られます。そのため、もともと社会性が低い特性の犬種を飼った場合、社会化教育によってより社会性が高まることはあっても、社会性が高い特性の犬種には及ばない可能性もあるのも事実です。

だからこそ、飼育をする前に犬種の特性について理解を深め、飼い主さんの希望や生活環境に合った犬種を選ぶのも大切なことなのです。

第9章　犬の「特性・能力」の最新知識

犬に不安や恐怖を与える人の接し方

犬の目は人と異なる構造をしているため、人とはまた違った世界を見ています。犬の「見え方」に配慮せず人間の都合で一方的な接し方をしてしまうと、知らず知らずのうちに犬にストレスを与えてしまうので注意が必要です。

まずは基本的な目の構造を説明しましょう。

人も犬ものを見るとき、目に入ってきた光が水晶体（レンズ）を通り、見たものの映像が網膜に映し出されます。そしてその映し出された映像を網膜にある視細胞《しさいぼう》が受け取って、情報として脳に伝えています。ここまでは一緒の構造です。

視細胞には、明るいところで働く「錐状体《すいじょうたい》細胞」があります。視力はこの錐状体細胞の数で決まってきますが、犬は人に比べてその数が非常に少ないため、人よりも視力が悪いのです。２０１７年にスウェーデンで行われた研究では、なんと人より平均しておよそ3倍も視力が劣っていることがわかりました。

ピント調節を行うときは水晶体の厚みを調節しますが、犬の水晶体は厚みの調節がしづらい構造のため、１００センチ以内のものには焦点が合わず、はっきりとは見えません。距離感がつかみづらい構造となっています。

このように人と比べてあまり目がよくなくピント調節も苦手な犬は、人が急に近づいてきたり、不意に顔を覗き込んだりすると、恐怖や不安を感じてしまうのです。

だからこそ以前からしつけの世界では「正面から急に犬に近づく」「頭上から手を伸ばして頭や顔をさわる」「目を見ながら顔を覗き込む」といった犬とのふれあい方は犬に不安や恐怖を与えてしまうため、避けるべきといわれてきました。

そしてこのことを裏付けるように、２０１５年にチェコで行われた調査でも、「かがみ込んで犬を上から覗き込む」「犬の口元に顔を近づける」「犬の目を近くからじっと見つめる」といった人の行動が、犬の噛みつきを誘発してしまうことが明らかになっています。これらの事実から、犬がどのように外の世界を認知しているのかを考えて接する必要性を感じていただけたかと思います。

「犬の目が光らないようにする」裏ワザ（暗闇で写真を撮るとき）

フラッシュ機能を使って写真を撮ると犬の目が光って写ることがよくありますよね。これは犬の目の中にある輝板《きばん》（タペタム）がフラッシュの光を跳ね返していることから起こる現象です。その構造について少し説明しましょう。

犬の目には、外から受け取った光をタペタムが反射させることで、光が届かなかった視細胞にも到達させて再吸収させる機能があります。そのため、犬は暗闇の中でもわずかな光で見ている対象の輪郭を見分けることができるのです。

しかし、光が犬の眼にまっすぐ入ってきた場合は、そのまままっすぐ跳ね返って目の外に出てしまいます。その光が写真に写ることで目が光って見えるのです。つまり、犬の目が光らないように写真を撮るためには、真正面からではなく、少し斜めの位置から撮れば目が光りにくくなります。

タペタムは、犬の他に猫やタヌキ、キツネなどの動物などにも備わっていますが、私たち人間の目にはありません。では、いったいどうなっているのでしょうか。

人間の場合はフラッシュの光に照らされた網膜内の毛細血管が赤く反射して、赤目に写ります。これも経験がある方は多いのではないでしょうか。


また、夜に散歩をしていると「犬が何も見えない場所に向かって吠えるので怖い」という相談を受けることがよくあります。この場合は「人には見えずらいもの」を見て警戒している可能性があると考えられます。

犬には薄暗いところで明暗を感じてものを見分けることができる「桿体《かんたい》細胞」の数が多く、さらにタペタムによる光の再吸収率も高いため、人に比べて暗闇でものを見てその存在を確認する能力が優れているために起こる現象です。人には見えずらいけれど、犬にとって警戒すべきものなどに反応している可能性があります。

人にとって「見えない」対象への対応は難しいですよね。そのため、明るい時間帯や場所を選んで散歩に出かけることも対処法の一つです。

犬は人より耳がいい――だからこそ気をつけたいこと

音が一秒間に何回振動しているかを表したものを「周波数」といい、「Hz（ヘルツ）」という単位を用います。

ヘルツの数値が大きいほど高い音になりますが、動物種によって聞こえる音の周波数の範囲（可聴域）は異なり、人は約16～20000ヘルツの音を聞くことができます。

一方、犬の可聴域はなんと65～50000ヘルツ。だからこそ人が聞くことができない音、いわゆる「超音波」を聞くことができるのです。

人に聴こえない音にも敏感に反応するため、私たちが気づかないうちにストレス受けている可能性があります。

たとえば、超音波を用いた猫やネズミよけなどは、人には聞こえなくても犬には聞きとれる周波数なので、常に鳴り続けていればストレスになる場合があります。また、洗浄機や加湿器など、最近では超音波を利用した家電もありますが、これらの音も犬にとって不快の原因になる可能性があります。犬のいる場所からは離して使用したほうがいいでしょう。

その他さまざまな音が犬にとってストレスにならないように、とくに寝床を設置する場合は、窓や玄関など外からの音が入りにくい場所にしたり、囲われて音が入りにくい寝床を提供したりすることで、犬が安心して休めるスペースを確保してあげましょう。

ちなみに余談ですが、犬種によって立ち耳や垂れ耳の犬がいたり、体が大きい犬は耳も大きくなったりしますが、過去の研究では、耳の形状や体の大きさによって聞きとれる音の範囲の差はほとんどありませんでした。

また、犬の耳介《じかい》（人では耳たぶ）はあらゆる方向に片方ずつ動かすことができるため、音の正確な位置に焦点を合わせることができます（ただし、垂れ耳の犬はこの能力を発揮できません）。そのため、犬の耳の動きを観察することで何に耳を傾けて気にしているのかがわかります。

犬は赤ちゃんことばによく反応する

赤ちゃんに話しかけるとき、自然と高いトーンでゆっくりと、抑揚をつけて話しかけてしまうことがあるかと思います。

そして、これもみなさん経験があるかもしれませんが、多くの人がペットに話しかけるときも、赤ちゃん向けの話し方に似たような「犬向けのことばづかい」で話しかけることがさまざまな研究でわかっています。

人がなぜ赤ちゃん向けに似たことばづかいで犬に話しかけるのかは明らかにはなっていません。しかし、2014年にアメリカで行われた研究では、母親が「子ども」と「飼っている犬」の写真を見る時、脳内の同じ部位が活性化することがわかりました。

人はペットの犬を子どもと同じように認識しているため、自然と赤ちゃん向けに似たような話しかけをしてしまうのかもしれませんね。

また、2023年には、ハンガリーで人が犬に対して「犬向けのことば」で話しかけたとき、犬にどのような反応が生じるのか研究が行われました。

この研究では、対象となった犬（19頭）が知らない女性と男性、それぞれ12人ずつの、①赤ちゃん向け、②犬向け、③大人向け、の会話（嬉しい、楽しいなど、ポジティブな感情が含まれたことばなど）が録音されました。そして、対象となる犬にそれぞれの会話を聞かせたときの脳の活動を、ｆＭＲＩを用いて調べました。

その結果、赤ちゃん向けや犬向けに話しかけている女性の高いトーンの発声を聞いた時、犬の脳はいちばん敏感に反応することがわかったのです。

犬は８０００ヘルツ付近の周波数音を敏感に感じとれるため、女性が発する高いトーンのほうが、男性の発する低いトーンよりも聞き取りやすいのかもしれません。

２０１８年イギリスで行われた研究でも、「犬向けのことばづかい」で話しかけたほうが、人に対する注意力が高まることがわかっています。

男性は少し恥ずかしいかもしれませんが、犬とコミュニケーションをとるときは、勇気を出して赤ちゃん向けのことばで話しかけてみましょう。

犬が首をかしげるのは集中しているから

犬に話しかけたとき、犬が首を左右にかしげながら聞いている仕草を見たことがあるかと思います。

この愛らしい仕草は、音がどこから鳴っているのか特定するためのもの。音が聞こえてくると、その発生源を定めるために首をかしげて耳の位置をずらし、伝わり方（聞こえ方）の変化から音が鳴っている方位を割り出しているのです。

加えて、２０２２年にハンガリーで行われた研究では、飼い主さんの声に集中し、そのことばを理解しようとしているときにもみられる仕草であることがわかりました。

この実験では40頭の犬を対象に、二つの新しいおもちゃの名前を3か月間トレーニングで学習させました。トレーニング開始1か月、2か月、3か月めには、飼い主さんの指示で、隣の部屋に置いてあるおもちゃを持ってくるテストを行いました。テスト中は、飼い主が指示してからおもちゃを取りに行くまでの間、犬が首を傾けるかどうかが調査されました。

その結果、①飼い主さんの指示に集中している時だけ首をかしげた、②飼い主さんの指示した声の出所が確実にわかる近い距離でも首をかしげた、③左右にかしげるのではなく、それぞれの犬が常に同じ方向に傾けていた、という反応がみられました。

これら①②の結果から、飼い主さんのことばを聞いているときは、音の方向を特定するためでなく、飼い主さんの話すことばに集中して理解しようとして首をかしげている可能性が示唆されたのです。

しかも、③の結果からわかるように、人間に右利き・左利きがあるように、それぞれの犬にも首を傾けやすい方向があるようです。

「音の出所を特定するときは左右に首をかしげる」「飼い主さんの声に集中して理解しようとしているときは片側だけにかしげる」。ちょっとした表現の違いでも、犬にとってはその目的は異なります。

犬の気持ちを理解してあげるために、日頃から小さな表現の違いまで注意深く観察してみるといいでしょう。

犬の嗅覚は人の1億倍！

みなさんもご存じのとおり、犬のもっとも優れている感覚は「嗅覚」です。その優れた能力を発揮して、警察犬や災害救助犬、最近ではがん感知犬など、さまざまな場面で人のために活躍してくれています。

ちなみに見出しにある「1億倍」とは、「1億倍強く匂いを感じとれる」という意味ではありません。厳密に言うと「人が感じとれる最小の量をさらに1億倍の空気で希釈しても犬は嗅ぎとれる」ということです。

匂いを感知する流れについて少し説明しましょう。

鼻から吸い込んだ空気に含まれている匂いの分子は、鼻（鼻腔内）の嗅上皮《きゅうじょうひ》と呼ばれる粘膜層に溶け込みます。溶け込んだ匂いの分子を嗅細胞が感知することで、脳に臭いの情報が伝えられています。匂いのセンサー的役割もしている嗅上皮の面積が広くなり、嗅細胞の数が多くなれば、匂いを嗅ぎとる能力も高くなります。

嗅上皮の面積は、人が3～4㎠で犬は18～150㎠。嗅覚細胞の数は、人が約500

万個に対し犬は約2億8000万個。人よりも犬のほうが圧倒的に大きい（多い）ことから、犬は人の想像をはるかに超えた優れた嗅覚を持っていることがわかります。

嗅ぎ分けられる能力は臭気の種類によって異なりますが、「酢酸」が人のおよそ1億倍、「吉草酸」が人のおよそ170万倍も嗅ぎ分けられることがわかっています。

人の汗には「酢酸」が含まれているため、飼い主を臭いで判別するために、酢酸の嗅ぎ分け能力が高くなったのではないかと考えられています。また、飼い主さんの靴下を好む犬がいますが、足の匂いの原因となる「吉草酸」の嗅ぎ分け能力が高いことから、大好きな飼い主さんの靴下を好むのです。

警察犬などが行方不明者や逃げた犯人の足跡を追跡しているシーンをドラマなどで見たことがあるかと思います。多くの方は地面についた靴の裏の匂いを嗅ぎ取って追っていると思われているのではないでしょうか。

しかしじつはこれ、行方不明者や逃げた犯人の体から落屑《らくせつ》した皮膚の匂いをもとに追跡しています（人の体から落屑する皮膚の細胞は1日5千万個：1分間に4万個）。

鼻ぺちゃ犬は鼻が悪い

人に比べて犬は優れた嗅覚を持っています。しかしもちろん犬種や個体によってその能力には差が生じます。とくに、フレンチブルドッグ、パグ、ボストンテリアといった鼻が短い短頭種。これらの犬種は、鼻（鼻腔）が短く嗅上皮の面積も少ないため、鼻の長い犬種に比べれば嗅覚が劣ると考えられていました。

それを実証したテストを次にご紹介しましょう。

2016年、ハンガリーでさまざまな犬種の嗅覚能力を比較する研究が行われました。この研究では、①嗅覚を特化させるために改良された犬種のグループ（バセットハウンド、ビーグルなど14頭）、②嗅覚以外の能力を特化させるために改良された犬種のグループ（ミニチュア・ピンチャー、シベリアン・ハスキーなど15頭）、③短頭種のグループ（ボストンテリア、パグなど12頭）を対象に、容器に入った生の七面鳥の肉の嗅ぎ分けテストを行いました。

テストは、次のような流れです。

「肉を入れる容器の蓋の空気穴の数を変えることで外に漏れる匂いの量を調節する⬇穴の数によって難易度をレベル1〜5の5段階に分ける（レベル1：蓋をしない、レベル2：空気穴4つ、レベル3：空気穴3つ、レベル4：空気穴一つ、レベル5：空気穴なし）⬇それぞれのグループが餌を見つけることができるかを調査する」

その結果すべてのレベルのテストで、短頭種のグループは他のグループに比べて成績が悪く、鼻が短い犬種はやはりほかの犬種より嗅覚が劣るということが明らかになりました。

ちなみに、嗅覚を特化させるために改良された犬種のグループは、もっとも難易度の高いレベル5のテストで、ほかの二つのグループに比べてはるかに高い成績を残しました。つまり、改良のねらい通り、嗅覚がやはり優れていることが研究でも立証されたのです。

もちろん、短頭種がほかの犬種と比べて嗅覚が劣るといっても、人とは比べものにならないぐらい優れた嗅覚能力を持っています。そのため、「隠された食べものを探す」といった嗅覚を用いた遊びにも喜んで取り組むので、ぜひトライしてみましょう。

犬は人の意図していることを読みとることができる

「ここだよ」と指をさすと、愛犬が注目する。こうした経験をしたことがある飼い主さんはたくさんいるでしょう。

このふだん何気なく行っている犬とのやり取り。じつは、人に対する犬の優れたコミュニケーション能力により成り立っているのです。

他者と関心を共有する物事へ注意を向けるように行動する能力を「共同注意」といいます。人の場合は生後半年頃から「相手の視線の先を追う」「相手の指をさした方向を目で追う」などの行動がみられるようになります。

このような共同注意の能力は、他者の行動の意図を理解したり推測したりして、対象物に対する理解を深めるために発達すると考えられています。

共同注意の能力に関して、犬の場合では「容器に隠された食べものを飼い主の指さしジェスチャーの情報だけで見つけることができるか？」といった方法で数多くの研究が行われていて、すべての研究で犬は高い成功率を収めています。

「犬は他種である人間の〝意図〟を推察、理解できる」という事実が明らかになっているのです。

さらに、この能力は「人との生活の中で学習によって身につけたのか？」それとも「本来備わっている先天的な能力なのか？」を明らかにするため、２０２０年にインドで野犬を対象とした指さしジェスチャーの実験が行われました。

その結果80％もの犬がジェスチャーを理解していたことから、犬は先天的にこの能力を持っている可能性が示唆されています。チンパンジーやオオカミ、馬など、さまざまな動物との比較実験も数多く行われていますが、「どの動物種よりも犬のほうが好成績だった」という結果も報告されています。

犬は人によって初めて家畜化された動物で、もっとも長く人と生活を共にしています。長い共同生活の歴史の中で人とコミュニケーションを深めるために、他の動物種よりも人に対する社会的能力を発達させたのではないかと考えられています。

犬が人にとって最良の友になったのは、犬が人の気持ちを察するために努力をしてきたことの賜物なのかもしれません。

犬は人の行動を真似することができる

「新たに迎えた犬が、よく吠える先住犬の真似をして徐々に同じように吠えるようになった」など——。とくに多頭飼いをしている飼い主さんは、犬同士で行動を真似る様子を目にしたことがあるのではないでしょうか？

こうした同種の仲間の行動を観察することで新しい行動を獲得する学習方法のことを「社会的学習」といいますが、犬が犬から社会的学習ができることを示すいくつかの研究結果があります。

1977年にアメリカで行われた研究では、兄弟の子犬がひもで小さな荷車を引いている姿を見たことがある子犬は、見たことがない子犬より、ひもを使って荷車を引っ張るようになりやすいことが報告されました。また、1997年に南アフリカ共和国で行われた研究では、3か月齢まで警察犬の母犬と一緒に育ち、母犬が麻薬を捜索する姿を観察した経験がある子犬は、経験がない子犬よりも、成犬になって麻薬を捜索する訓練の成績がいいことが明らかになったのです。

そしてさらに、犬は同種だけでなく、人の行動も観察して似たような行動を学習することができることが、２００６年にハンガリーで行われた研究でわかりました。

この研究では、介助犬に「回転する」「声を出す（吠える）」「その場で飛び上がる」「水平な棒を跳び越す」「ものを容器に入れる」「お辞儀をする」といった行動を事前に教えました。

次に、「Do it（真似して）」という掛け声と共に、それぞれの行動を人がしたあとに、同じ行動をするように1か月間トレーニングしました。そして、これらのトレーニングが上手にできるようになった後、いままでこの犬が学習したことがない新しい行動を人がやってみせたあとでも、「Do it」と掛け声をかけると見事にその行動を真似することができるようになったのです。

このような人の動作を真似るように学習させる手続は「Do as I do」と呼ばれていて、現在では、さまざまな研究によってどのような犬でもこの能力を持っていることが示唆されるようになりました。そして現在では、犬に新しい行動を教えるいい方法として、ドッグトレーニングの分野でも実用化されるようになっています。

犬は人のことばを理解することができる

犬に話しかけたとき「人のことばを理解しているのでは？」と思うような反応を見たことがある飼い主さんは多いと思います。それもそのはず。さまざまな研究で、犬はある程度人のことばを理解していることがわかっているのです。

２００４年にドイツで行われた研究では、「リコ」というボーダーコリーが約２００語を覚えたという報告がされています。さらに２０１１年、このリコを遥かに凌《しの》ぐ１０２２個もの単語を覚えた「チェイサー」というボーダーコリーが紹介されました。しかもチェイサーは覚えた単語を32か月間忘れず、毎月行われたテストでも正解率95％以上の成績を残したのです。

これらの研究結果だけ見ると、この2頭の犬だけが特殊な能力を持っていたからできたと思われるかもしれません。しかし、２０２２年に１６５頭を対象に行われたカナダの研究では、対象となった犬たちが平均89個（15～２１５語）の単語を覚えていることがわかりました。

とくに「犬の名前」や「座れ（sit）」「来い（come）」「いい子（good girl/boy）」「伏せ（down）」「待て（wait）」「ダメ（no）」「よし（ok）」「離して（leave it）」といった犬へ指示することばは、対象となった90％以上の犬が識別していました。

このように多くの犬は人間のことばを理解する能力を持っていますが、その能力を引き出してあげるために、飼い主が教える努力を惜しまないことも大切です。

この研究の対象となった犬たちには、作業犬の訓練経験がある犬とない犬が含まれていましたが、やはり、訓練経験のある犬のほうがない犬に比べて覚えていることばの数が1・5倍も多かったのです。

どのような犬でも、人のことばをたくさん理解するすばらしい能力を持っています。なんとなく犬に話しかけるだけでなく、「おすわり」や「フセ」といった、号令に従って決まった動作を学習させるコマンドトレーニングを通じて人のことばを教えてあげれば、よりことばへの理解度が深まり、お互いのコミュニケーションも円滑になってきます。互いの絆を深めるためにも、多くのことばを教えることに挑戦してみてください。

第10章　犬の「しつけ・問題行動」の最新知識

犬のトレーニング➡ほめたほうが効果的

人と犬との間に上下関係が必要だと考えられていた頃は、犬に権威を示すため、人にとって望ましい行動を力ずくで無理やりやらせたり、望ましくない行動には体罰を与えて止めさせたりといった方法でトレーニングが行われていました。

しかし現在では、さまざまな研究によって「ほめてごほうびを与えるトレーニング」のほうが効率的にトレーニングできることがわかっています。

人や犬をはじめとした哺乳類の脳には「大脳辺縁系《へんえん》」という喜怒哀楽などの感情を司る部位があります。そしてこの部位には、欲求が満たされたとき、あるいは満たされることがわかったときに活性化する「報酬系神経回路」と、恐怖や不安、不快などを感じたときに活性化する「嫌悪系神経回路」があります。

動物が何かの行動をしたことで欲求が満たされると、報酬系神経回路が活性化してドーパミンという神経伝達物質が分泌されます。ドーパミンの分泌が促されると、やる気や意欲、活力などが向上するので「再びその行動をやろうとするモチベーション」がアップするのです。

そのため、たとえば犬が飼い主の指示に従ったあとに大好きな食べものをもらうことができれば「指示に従うことへのモチベーション」がアップし、言うことを積極的にきいてもらえるようになります。犬の報酬系神経回路と嫌悪系神経回路の割合は８：２とされているので、ごほうびを与えて報酬系神経系回路を活性化させたほうがより効率よくトレーニングできるのです。

そもそも、叱ってばかりいたり、体罰を用いてしまったりすれば、犬が飼い主に恐怖を持つことでお互いの関係が悪化したり、犬の福祉も損なわれてしまいますよね。

ごほうびは食べものだけに限りません。

一緒に遊んだりふれあったりというような「犬が求める欲求」を満たしてあげることも大切です。過去の研究から、犬の欲求を満たしてあげることで絆形成に関わる「オキシトシン」の分泌が高まることもわかっています。

お互いの絆を深めるためにも、愛犬が望んでいることを読みとって「望ましい行動をしてくれたらほめてごほうびを与える」という方法でトレーニングをしていきましょう。

魅力的なごほうびのほうがトレーニングのモチベーションがアップする

おやつをはじめ、食べものはトレーニングのごほうびによく使われます。

このとき犬が大好きな食べものを使ったほうがトレーニングに対するモチベーションがアップし、効率的にトレーニングができます。人と一緒ですね。

それを裏付ける研究結果もあります。

２０１７年にオーストリアで行われた研究で、犬は食べものの「量」と「質」のどちらのほうが誘惑されやすいのかについて調査されました。

この研究では対象となる16頭の犬に対し、「飼い主の指示で目の前のおやつを食べずに我慢できたらさらに質の高いおやつがもらえる」ということを、事前にトレーニングで学習させせました。

そして、①目の前の低質なおやつを我慢できたら上質のおやつがもらえる、②目の前の低質なおやつ一つを我慢できたら低質なおやつが5つもらえる。この二つのパターンで実験を実施。それぞれの実験で犬がどのくらい待つことができるのか調査しました。

この際、飼い主が「マテ」の指示を出してしまうと、飼い主の言うことをきくために食べないで我慢してしまう可能性があるため、飼い主は犬に指示を出しませんでした。純粋に量と質のどちらが犬に影響を与えるのかを調査するためです。

その結果、①では平均35・6秒（最大140秒）目の前のおやつを食べなかったのに対し、②では平均82・9秒（最大920秒）食べずに待っていました。

さらに、③目の前の一つの上質なおやつを我慢できたら上質なおやつが5つもらえるという実験を同じ条件で行い、②の結果と比較したところ、やはり②のほうが食べずに待っていられる時間が長かったのです。

この結果、「おやつの質が上がったときのほうが待っていられない」、そして「犬は量より質の誘惑に弱い」という事実が明らかになったのです。これは言い換えると「犬はおやつの量よりも質が高いほうがモチベーションが上がる」ということです。

私たち人間もこれと一緒で、いくらがんばってもその報酬が魅力的でなければモチベーションが上がりませんよね。トレーニングの効率を高めるためにも、前述した犬が好む食べものの特徴を参考に、愛犬が大好きな魅力的なごほうびを探してみましょう。

犬の学習でも睡眠が欠かせない

テストの前日に徹夜で勉強をした経験がある方は多いのではないでしょうか？その甲斐《かい》あってなんとか解答できたものの、しばらくすると勉強したことをまったく覚えていなかった……ということまで含め「あるある」かと思います。睡眠をとらず、一夜漬けで勉強したことは多くの場合記憶として定着しないものです。

新しいことを覚えるために練習したことを記憶として定着させるためには、練習後の睡眠が不可欠です。このことは、人では睡眠と記憶の関係が数多く研究され、記憶の定着に関わるさまざまな効果がわかっています。

そして2017年にハンガリーで行われた研究では、犬も人と同じように睡眠が記憶の定着に関わっていることが明らかになりました。この研究は次のような流れで行われました。

「15頭の犬を対象に、①学習をした後⬇3時間の睡眠中の脳波、②学習をしなかった後⬇3時間の睡眠中の脳波を測定し、その違いを観察する」

学習の内容は、〝おすわり〟と指示されたら〝座る〟といったような一つの動作とことばを結びつけて覚えるトレーニングでした。

その結果、学習をした後の睡眠では学習をしていないときの睡眠とは異なる脳波パターンが確認されたのです。これらのことから、犬も学習をすると睡眠中に脳の活動が変化することで記憶の再構成が行われ、記憶を定着させやすくなることが示唆されました。

さらに、睡眠前よりも3時間の睡眠後のほうが学習した内容の成績がよくなったことから、人と同じように犬も記憶の形成に睡眠が関わっていることが明らかになったのです。

私自身も犬のトレーニングをしていると、前日できなかったことが、次の日になったら突然できるようになる——といったことをよく経験します。

犬に何かを教えたい気持ちが先行して、多くの内容を根を詰めて教えようとすると、犬にも大きなストレスになってしまいます。

前述したように、トレーニング後の遊びも記憶の定着に効果的なので、毎日少しずつ、練習が終わったら遊んであげたり、ゆっくり睡眠をとって休ませてあげるなど、あまり欲張らないでゆとりをもって練習しましょう。

犬のモチベーションがアップする「ギャンブル効果」

「トレーニングが上手にできたのでごほうびとしておやつをあげたいけど、肥満のことを考えるとおやつはなかなか使いづらい」

こんな悩みを持つ飼い主さんも多いのではないでしょうか？

しかし、ごほうびの与え方さえ工夫すれば、肥満は予防できます。

動物が何かの行動をしたあとに、ごほうび（その動物の欲求が満たされるもの）を与えるとその時した行動の頻度が増えます。そしてごほうびの与え方には①毎回、必ずごほうびを与える「連続強化」と、②たまにごほうびを与える「部分強化」という方法があります。動物はごほうびを与えられると脳の中でドーパミンの分泌が促されますが、連続強化より部分強化でごほうびを与えたほうがその分泌が高まるのです。

ドーパミンは快楽物質とも呼ばれ、何かの行動をすることで分泌が促され快感を得ると、再び快感を得ようとするためにその行動の頻度が増え、依存性が強まります。また、ドーパミンの分泌が高まるとさらに快感も高まるため、ドーパミンがたくさん分泌されるような行動への依存性は強くなります。人がギャンブルにはまってしまうのもこの部分強化が関係していて、当たりが出たり出なかったり、たまに大きな当たりが出たりすることで、ドーパミンの分泌量が増え、ギャンブルへの依存度が強まっていくのです。

だからこそトレーニングのごほうびを部分強化で与えれば、おやつの量を減らせるうえ、モチベーションもあわせてアップさせられます。ただし、部分強化は犬が確実に覚えてから（成功率8割以上）が鉄則です。成功率8割を超えるまでは連続強化を用いましょう。

たとえば、〝おすわり〟ということばの指示で10回中8回以上座れるようになったら「ほめことば＋ごほうび」と「ほめことばだけ」をランダムに行います。いきなりたくさんごほうびを減らすのではなく、「ほめことばだけ」の割合を少しずつ増やすのがポイントです。

また、ごほうびを与えたり与えなかったりするだけでなく、「おやつの匂いを嗅がせる」「おやつをなめさせる」「おやつを少し食べさせる」といった方法でもおやつの量は減らせます。ぜひ試してみましょう。

自由を尊重しすぎると問題行動に発展する！

動物の行動には必ず何かしらの動機づけ（モチベーション）が関わっています。報酬や罰など、他者からもたらされる動機づけ（外発的動機づけ）と、好奇心や関心など、犬自身の内なる欲求を満たすための動機づけ（内発的動機づけ）のいずれかです。

しつけやトレーニングで飼い主さんがごほうびを与える方法は「外発的動機づけ」に該当し、ごみ箱を漁《あさ》るようないわゆる〝いたずら〟などの行動などは、「ごみ箱の中が気になる」という犬自身の内発的動機づけが関わっているのです。

行動したことで欲求を満たすことができれば当然その行動の頻度は増えていきます。〝お散歩中の引っ張り〟の箇所でも説明したように、日頃から犬の欲求が自由に叶えられてしまうような状況ばかりだと、飼い主さんにとって望ましくない行動の頻度が増え、さまざまな問題行動に発展してしまうこともあるので注意が必要です。

そのため、犬がしたいことはなんでも容認するのではなく、飼い主さんにとって望ましくない行動であれば制限する必要もあります。このとき、ただ我慢させるだけでなく、(ごみ箱を漁ってしまうのであれば) ごみ箱を手の届かないところに置いて、代わりにコングなどの知育玩具で遊ばせることで他の欲求を満たすように気をそらせてあげましょう。

すでになんでも自由に行動することが習慣化していると、いざ問題となってその行動を制限しようとしてもフラストレーションがたまり、場合によってはさらに悪化してしまうこともあります。

そのため、いたずらされて困るものは初めから手の届くところに置かない、望ましい行動にごほうびを与えてその頻度を増やすなど、事前の予防に努めましょう。後々になって飼い主さんが困り、犬にストレスを与えながら問題を修正するのでは遅いのです。

犬のしたいことをすべて制限することはできませんが、お互いの生活の中で支障が生じないようにメリハリを持った関わり方も必要です。

愛玩犬は動物病院が嫌い

動物病院に通うのは愛犬が健康に生活していくために必須です。

しかし、多くの犬が動物病院を嫌いなことも事実……。そうなると病気になったときの治療が困難になってしまうため、動物病院に慣れてもらう必要があります。

そもそも、犬はなぜ動物病院が苦手になってしまうのでしょうか？

2019年にオーストラリアで行われた研究で、「獣医師が診察する際に犬が見せる恐怖症がどのような因子（要因）と関わりが深いか」が調査されました。

この研究では、犬の行動特性を調査する際によく用いられる「C-BARQ《シバーク》」という質問票を使用。診察時の恐怖反応と「犬種差」「役割・飼育目的」「体重・体格」などといった因子との関連性について分析しました。

その結果、いちばん関連性が高かった因子は「犬種差」で、とくに愛玩目的に改良された小型犬種（トイ・ドッグ）は、恐怖反応がもっとも高い傾向がみられました。

また「役割・飼育目的」に関しても愛玩目的で飼育されている犬種が、「体重・体格」因子では22kg未満の犬がもっとも恐怖反応が強いことがわかりました。日本で多く飼育されている愛玩目的の小型犬は診察時に恐怖反応を示しやすいという結果だったのです。犬の性格には犬種の行動特性が大きな影響を与えます。愛玩犬は家畜化の過程でより幼い性質や小さな体が求められて改良されてきたため、さまざまなものに対し恐怖や不安を感じやすいのかもしれません。

そのため（小型犬に限ったことだけではありませんが）病院嫌いを予防するためには、子犬の頃からの社会化教育が重要になります。

最近ではドッグトレーナーだけでなく、愛玩動物看護師などが子犬を対象としたパピークラスを病院内で開催する機会も増えてきました。病院嫌いを予防するうえでも、将来通う可能性のある動物病院で行っているクラスに参加することは非常に有効です。

とくにこれから子犬を飼い始める方は、ぜひ参加してみましょう。

一緒に生活していても犬同士が仲よくなるとは限らない

多頭飼いをしている飼い主さんは、同居している犬同士が仲よく暮らしてくれることを願っていると思います。しかし、飼育環境や日頃の飼い主さんの接し方によっては、犬同士の関係が険悪になってしまうこともあるので注意が必要です。

犬同士がケンカになり、相手に攻撃を加えることを「同種間攻撃行動」といいます。自らが生きていくための資源や価値のあるもの（食べもの、寝床、おもちゃなど）への優先権を巡り、これらのものを守ろうとして相手に対して攻撃行動が発生するのです。

事実、飼い主さんからよく相談される同居犬同士のケンカの理由も、多くの場合が食べものや寝床、おもちゃを取りあうといった、お互いの競合があるときに生じています。

逆をいえばこうした攻撃行動は、競合が起こらない状況では生じないことが多いもの。犬同士の争いを避けるためにも「食事は別々の場所で与える」「専用の寝床を用意する」「おもちゃは出しっぱなしにしない」など日頃の管理が必須です。

また、①食事が済んだ犬は食べ終わっていない犬には近づかせない、②相手の寝床を占領させない、③おもちゃで遊ぶときは別々に遊ばせ、待っている犬はコングなどの知育玩具で、ひとりで楽しむ機会を与えるなど、飼い主さんの適切な対応も重要です。

さらに新しく来た犬が子犬の頃は仲が良かったのに、いつの間にか仲が悪くなってしまうケースもよく見聞きします。これは社会的成熟期（12〜36か月齢）を迎えることによって、互いの関係性に変化がみられることがあるためです。子犬の頃にトラブルが生じていなくても、新しい犬を迎えたその日から前述した対応を心がけましょう。

２０１８年にオーストリアで行われた研究では、犬はケンカした相手との和解が下手だということが明らかになりました。

そのため、何度もケンカを繰り返していくと競合が起こらなくても相手の存在自体が脅威となってしまい、顔を合わせるだけで争いに発展してしまうこともあります。とり返しがつかなくなる前に、早めに対処しましょう。

犬の問題行動には医療用大麻が効果的

大麻と聞くと、体に悪く危険なイメージを持つ方が多いかもしれません。

しかし近年、人の世界では医療用大麻であるＣＢＤ（Cannabidiol：カンナビジオール）のさまざまな効果が注目されています。

ＣＢＤとは、大麻の一種であるヘンプの茎や種子から抽出された、カンナビノイドという成分です。大麻取締法規制の対象となるのは、花穂と葉を利用した製品ですが、ヘンプの茎や種由来のＣＢＤ製品は合法として扱われています。

ＣＢＤには、抗けいれん作用、抗炎症作用、鎮痛作用、抗不安作用、抗てんかん作用などさまざまな作用があり、病気の予防や有用性について多くの研究が進められています。また、依存性もなく、副作用も非常に少ないことから、人の医療や健康分野などの場面で活用されています。

そして近年の研究によって、犬の抗てんかん作用や抗炎症作用、アトピー性皮膚炎の改善に効果があることが明らかになり、獣医療でも活用されるようになってきました。

２０２１年に日本のヤマザキ動物看護大学で行われた研究では、恐怖に関連した行動や飼い主への攻撃行動、自傷行動などの問題行動を示す、８頭の犬を対象としてＣＢＤを投与。その効果を検証したところ、すべての犬で副作用はみられず、６頭の犬で問題行動の改善がみられました。

ＣＢＤにはストレスの緩和や不安の軽減、興奮を静める作用があるため、これらの効果が犬の問題行動を減少させることが示唆されたのです。

現在、ＣＢＤはオイルタイプ（食べものにオイルを染み込ませる）や、おやつタイプ（おやつに含まれている）など、サプリメントとして与えられるものや、直接皮膚に塗るタイプなど、いろいろな商品が販売されています。

さらに２０１９年11月にはアニマルＣＢＤ研究会も発足し、症例研究が進められています。この研究会は一般の飼い主さんも参加が可能です。

問題行動に詳しい獣医師をはじめさまざまな専門家が所属していますので、愛犬の問題行動に困っている方やＣＢＤに興味がある方は、一度問い合わせてみるといいでしょう。

問題行動の予防や改善でしつけより大事なこと

多くの方が「しつけによって問題行動の予防・改善ができる」と考えておられるのではないでしょうか。

もちろん、「人にとって望ましい行動を学習させることで、予防・改善ができる問題行動」には効果が見込めるでしょう。しかし、しつけを通した学習よりも大切なのは、日頃から犬の行動欲求を満たしてあげることです。

２０２２年にイギリスで行われた研究で、環境エンリッチメント（飼育動物の福祉を向上させるために、その動物の行動欲求を満たせるような飼育環境の工夫を行うこと）が、犬の行動にどのような効果を及ぼすかが調査されました。

この研究では、12～14月齢のゴールデン・レトリバーとラブラドール・レトリバーのミックス、ゴールデン・レトリバーとジャーマン・シェパードのミックス、計10頭を対象に、①飼い主がふれあったりして交流する、②知っている犬と遊ばせる、③ベーコンの味がついたシャボン玉を飛ばす、④おもちゃを使って飼い主と遊ぶ、⑤おやつの入ったパズルを与える、⑥おやつの入った知育玩具を与える、⑦トンネル、滑り台などで遊ばせる、などを提供した前後で、「リラックスした行動」「警戒・緊張した行動」「ストレスを感じている行動」などがどのように変化するか調査されました

その結果、①〜⑦すべてで「リラックスした行動」が増加し、「警戒・緊張した行動」と「ストレスを感じている行動」に関しては減少がみられたのです。

とくに人とふれあって遊んだり、知っている犬と遊んだりといった、他者との社会的交流をしたときのほうが、パズルや知育玩具でおやつを与えられたときに比べ、大きな変化がみられました。

以前、私たちが行った調査でも、よく犬と遊んでいる飼い主さんのほうが吠えなどの問題行動を感じていない傾向がみられました。おそらく飼い主さんが遊びを通じて交流を持つことで犬の欲求が満たされているため、犬の警戒や緊張、ストレスが緩和され、リラックスした生活を送っていることで吠えが減少したためだと思われます。

しつけをする前に、まずは犬への理解を深め、日頃から欲求を満たしてあげる飼い方を実践することが問題行動の予防や改善に大きな効果を発揮するのです。

おわりに

近年、動物福祉（アニマルウェルフェア：Animal Welfare）に対する関心が世界的に高まってきました。

動物福祉とは、人が世話や管理をしたりなんらかの影響を及ぼしたりする動物に対し、生理的、環境的、栄養的、行動的、社会的な欲求を満たしてあげること。端的にいえば動物を幸せな状態にしてあげることをさします。

海外からはじまったこの考え方は日本でも徐々に浸透してきています。しかしもともと日本には、動物の命の尊厳を守り、不必要に殺したり苦しめたりすることがないようにする動物愛護という思想がありました。

どちらも動物を大切にすることには変わりないのですが、動物愛護の思想は主体があくまで〝ひと〟になりがちであり、「かわいい」「かわいそう」などの心情的・感情的・

主観的なものです。

一方、動物福祉の考えは主体が「動物」。客観的に飼育環境、動物の状態などを評価して、その生活の質（ＱＯＬ）を向上させることを目的とした、科学的・論理的・客観的なものです。

日本では愛犬を大切に飼っている飼い主さんがたくさんいらっしゃいます。しかし、ときにその大切にしようとする想いややり方がそれぞれの飼い主さんの主観に偏ってしまい、いつの間にか犬の幸せにつながっていない――という場面も多く見受けられます。

犬という動物はそれぞれの家庭の中で飼われているので、どうしても飼い主さんの主観や価値観を中心にして犬の状態を評価しがちです。けれど、本当の意味で犬の幸せを考えるためには、個々の考えや感情だけでなく、客観的に犬の状態を見てあげることが大切なのです。

そのためにも本書でご紹介したような最新知識を得るのがとても重要です。

子育てと同じように犬の研究も日進月歩で、日々新しい情報が更新されています。少し前の常識が非常識になることも少なくありません。常に最新の知識に目を向け、柔軟に受け入れる姿勢が大切なのです。

愛犬の幸せはもちろん、お互いのより良い関係を築いていくためにも常に情報を更新し、想いだけでなく客観的に愛犬の気持ちを評価して、適切な関わり方を実践してあげましょう。

鹿野正顕

【参考文献】

第１章

●犬は怒られても反省しない

『Behavioural Processes』（２００９年７月／81巻３号／Alexandra Horowitz）

●犬は飼い主の気持ちに共感できる

『Animal Cognition』（２００９年／12巻／Aimee L. Harr, Valerie R. Gilbert, Kimberley A. Phillips）

『PLOS ONE』（２０１３年８月／８巻８号／Teresa Romero, Akitsugu Konno, Toshikazu Hasegawa）

●犬と飼い主のストレスはシンクロする

『Scientific Reports』（２０１９年６月／９巻／Ann-Sofie Sundman, Enya Van Poucke, Ann-Charlotte Svensson Holm, Åshild Faresjö, Elvar Theodorsson, Per Jensen, Lina S. V. Roth）

『Frontiers in Psychology』（２０１９年７月／10巻／Maki Katayama, Takatomi Kubo, Toshitaka Yamakawa, Koichi Fujiwara, Kensaku Nomoto, Kazushi Ikeda, Kazutaka Mogi, Miho Nagasawa, Takefumi Kikusui）

●犬は嬉し泣きをする

『Current Biology』（２０２２年８月／32巻16号／Kaori Murata, Miho Nagasawa, Tatsushi Onaka, Nobuyuki Kanemaki, Shigeru Nakamura, Kazuo Tsubota, Kazutaka Mogi, Takefumi Kikusui）

●飼い主が不機嫌だと犬はためらってしまう

『Animal Cognition』（２０１６年３月／19巻／Ross Flom, Peggy Gartman）
●飼い主の束縛が強いと犬は攻撃的になる
『Frontiers in Psychology』（２０１６年12月／７巻／Giulia Cimarelli, Borbála Turcsán, Zsófia Bánlaki, Friederike Range, Zsófia Virányi）
●犬にも反抗期がある
『Biology Letters』（２０２０年５月／16巻５号／Lucy Asher, Gary C. W. England, Rebecca Sommerville, Naomi D. Harvey）
●犬も嫉妬する
『Animal Sentience』（２０２１年５月／22号／Jennifer Vonk）
『Psychological Science』（２０２１年４月／32巻５号／Amalia P. M. Bastos, Patrick D. Neilands, Rebecca S. Hassall, Byung C. Lim, Alex H. Taylor）
●しっぽの振り方で気持ちが異なる
『Current Biology』（２００７年３月／17巻６号／A. Quaranta, M. Siniscalchi, G. Vallortigara）
『Current Biology』（２０１３年11月／23巻22号／Marcello Siniscalchi, Rita Lusito, Giorgio Vallortigara, Angelo Quaranta）

●犬は人のがんを早期発見することができる

『BMJ』（２００４年９月／３２９巻／Carolyn M Willis, Susannah M Church, Claire M Guest, W Andrew Cook, Noel McCarthy, Anthea J Bransbury, Martin R T Church, John C T Church）

『Integrative Cancer Therapies』（２００６年３月／５巻１号／Michael McCulloch, Tadeusz Jezierski, Michael Broffman, Alan Hubbard, Kirk Turner, Teresa Janecki）

『The Journal of Urology』（２０１５年４月／１９３巻４号／Gianluigi Taverna, Lorenzo Tidu, Fabio Grizzi, Valter Torri, Alberto Mandressi, Paolo Sardella, Giuseppe La Torre, Giampiero Cocciolone, Mauro Seveso, Guido Giusti, Rodolfo Hurle, Armando Santoro, Pierpaolo Graziotti）

第２章

●飼い主の前を歩かせても上下関係は崩れない

『Canadian Journal of Zoology』（１９９９年11月／77巻８号／L David Mech）

『Applied Animal Behaviour Science』（１９９８年９月／59巻４号／S.K Pal, B Ghosh, S Roy）

『Compendium: continuing education for veterinarians』（２００７年７月／29巻７号／Sophia Yin）

●散歩に行くときリードをつけようとするといやがるのはなぜ？

『The Veterinary Journal』（２０１５年12月／２０６巻３号／P. Rezac, K. Rezac, P. Slama）

『Psychology Today』（２０１６年４月13日／Stanley Coren）

：https://www.psychologytoday.com/intl/blog/canine-corner/２０１６０４
●散歩は首輪がいいの？ ハーネスがいいの？
『Journal of Veterinary Behavior』（２０１６年7月～8月／14巻／John Grainger, Alison P. Wills, V. Tamara Montrose）
『Frontiers in Veterinary Science』（２０２１年9月／8巻／Hao-Yu Shih, Clive J. C. Phillips, Daniel S. Mills, Yifei Yang, Fillipe Georgiou, Mandy B. A. Paterson）
●散歩中に挨拶したり遊んだりする犬の友達ができたほうがいいの？
『Behavioural Processes』（２０１５年1月／１１０巻／Gregory S. Berns, Andrew M. Brooks, Mark Spivak）
第３章
●犬は飼い主と協力しあって遊びたい
『Applied Animal Behaviour Science』（２０００年2月／66巻3号／Nicola J Rooney, John W.S Bradshaw, Ian H Robinson）
●遊びは飼い主と犬の絆を深める
『Hormones and Behavior』（２０１１年8月／60巻3号／Shohei Mitsui, Mariko Yamamoto, Miho Nagasawa, Kazutaka Mogi, Takefumi Kikusui, Nobuyo Ohtani, Mitsuaki Ohta）
『Science』（２０１５年４月／３４８巻６２３２号／Miho Nagasawa, Shouhei Mitsui, Shiori En, Nobuyo Ohtani,

Mitsuaki Ohta, Yasuo Sakuma, Tatsushi Onaka, Kazutaka Mogi, Takefumi Kikusui）

●引っ張りっこは勝ってはいけない

『Applied Animal Behaviour Science』（２００２年１月／75巻２号／Nicola J Rooney, John W.S Bradshaw）

●遊ぶことで犬の記憶力が高まる

『Physiology & Behavior』（２０１７年１月／１６８巻／Nadja Affenzeller, Rupert Palme, Helen Zulch）

『Animals』（２０２０年７月／10巻７号／Nadja Affenzeller）

第４章

●人より先に食事を与えると上下関係が崩れる？

『Applied Animal Behaviour Science』（１９９７年４月／52巻３～４号／Anthony L. Podberscek, James A. Serpell）

●犬が肥満なのは飼い主のせい？

『Preventive Veterinary Medicine』（２００９年12月／92巻４号／I.M. Bland, A. Guthrie-Jones, R.D. Taylor, J. Hill）

『PLOS ONE』（２０２０年８月／15巻８号／Ineke R. van Herwijnen, Ronald J. Corbee, Nienke Endenburg, Bonne Beerda, Joanne A. M. van der Borg）

『Veterinary Sciences』（２０２２年５月／９巻５号／Lourdes Suarez, Inmaculada Bautista-Castaño, Cristina

Peña Romera, José Alberto Montoya-Alonso, Juan Alberto Corbera）

第５章

●犬は排泄をするとき体の軸を「南北の軸」に合わせる

『Frontiers in Zoology』（２０１３年12月／80巻／Vlastimil Hart, Petra Nováková, Erich Pascal Malkemper, Sabine Begall, Vladimír Hanzal, Miloš Ježek, Tomáš Kušta, Veronika Němcová, Jana Adámková, Kateřina Benediktová, Jaroslav Červený, Hynek Burda）

『Journal of Veterinary Behavior』（２０２０年１月～２月／35巻／Reuven Yosef, Michal Raz, Niv Ben-Baruch, Liel Shmueli, Jakub Z. Kosicki, Martyna Fratczak, Piotr Tryjanowski）

『PLOS ONE』（２０１７年９月／12巻９号／Jana Adámková, Jan Svoboda, Kateřina Benediktová, Sabine Martini, Petra Nováková, David Tůma, Michaela Kučerová, Michaela Divišová, Sabine Begall, Vlastimil Hart, Hynek Burda）

●犬の食糞は市販の商品では止めさせられない

『Veterinary Medicine and Science』（２０１８年１月／４巻２号／Benjamin L. Hart, Lynette A. Hart, Abigail P. Thigpen, Alisha Tran, Melissa J. Bain）

『Journal of Applied Companion Animal Behavior』（２００８年／２巻１号／Broox G V Boze）

第6章

●長時間の留守番が問題行動を引き起こす

『Animal Behaviour』（2017年8月／130巻／Charlotte C. Burn）

●飼い主の匂いや声が留守番中の不安を軽減させる

『Journal of Veterinary Science』（2016年／6月／17巻2号／Yoon-Joo Shin, Nam-Shik Shin）

●多頭飼いは分離不安の対策に効果がないかも

『Applied Animal Behaviour Science』（2021年11月／244巻／Gerrit Stephan, Joachim Leidhold, Kurt Hammerschmidt）

●お留守番のときだけ問題行動➡分離不安が原因かも

『Journal of Veterinary Behavior』（2016年11月～12月／16巻／Katriina Tiira, Sini Sulkama, Hannes Lohi）

第7章

●犬は虫歯になりにくい

『Journal of Veterinary Dentistry』（1998年6月／15巻2号／Fraser A. Hale）

第8章

●社会化教育は「犬種」の特性には勝てない

『iScience』（2023年5月／26巻5号／Milla Salonen, Salla Mikkola, Julia E. Niskanen, Emma Hakanen, Sini

Sulkama, Jenni Puurunen, Hannes Lohi）

第９章

●犬に不安や恐怖を与える人の接し方

『PLOS ONE』（２０１７年12月／12巻12号／Olle Lind, Ida Milton, Elin Andersson, Per Jensen, Lina S. V. Roth）

『The Veterinary Journal』（２０１５年12月／２０６巻３号／P. Rezac, K. Rezac, P. Slama）

●犬は赤ちゃんことばによく反応する

『PLOS ONE』（２０１４年10月／９巻10号／Luke E. Stoeckel, Lori S. Palley, Randy L. Gollub, Steven M. Niemi, Anne Eden Evins）

『Communications Biology』（２０２３年８月／６巻／Anna Gergely, Anna Gábor, Márta Gácsi, Anna Kis, Kálmán Czeibert, József Topál, Attila Andics）

『Animal Cognition』（２０１８年５月／21巻／Alex Benjamin, Katie Slocombe）

●犬が首をかしげるのは集中しているから

『Animal Cognition』（２０２２年６月／25巻／Andrea Sommese, Ádám Miklósi, Ákos Pogány, Andrea Temesi, Shany Dror, Claudia Fugazza）

●鼻ぺちゃ犬は鼻が悪い
『PLOS ONE』（２０１６年5月／11巻5号／Zita Polgár, Mari Kinnunen, Dóra Újváry, Ádám Miklósi, Márta Gácsi）
●犬は人の意図していることを読みとることができる
『Frontiers in Psychology』（２０２０年1月／10巻／Debottam Bhattacharjee, Sarab Mandal, Piuli Shit, Mebin George Varghese, Aayushi Vishnoi, Anindita Bhadra）
●犬は人の行動を真似することができる
『Developmental Psychobiology』（１９７７年5月／10巻3号／Leonore Loeb Adler, Helmut E. Adler）
『Applied Animal Behaviour Science』（１９９７年7月／53巻4号／J.M. Slabbert, O.Anne E. Rasa）
『Animal Cognition』（２００６年10月／9巻／József Topál, Richard W. Byrne, Ádám Miklósi, Vilmos Csányi）
●犬は人のことばを理解することができる
『Applied Animal Behaviour Science』（２０２２年1月／２４６巻／Catherine Reeve, Sophie Jacques）
第10章
●魅力的なごほうびのほうがトレーニングのモチベーションがアップする
『Scientific Reports』（２０１７年3月／7巻／Désirée Brucks, Matteo Soliani, Friederike Range, Sarah Marshall-Pescini）

●犬の学習でも睡眠が欠かせない
『Scientific Reports』（２０１７年2月／7巻／Anna Kis, Sára Szakadát, Márta Gácsi, Enikő Kovács, Péter Simor, Csenge Török, Ferenc Gombos, Róbert Bódizs, József Topál）
●愛玩犬は動物病院が嫌い
『PLOS ONE』（２０１９年7月／14巻7号／Petra T. Edwards, Susan J. Hazel, Matthew Browne, James A. Serpell, Michelle L. McArthur, Bradley P. Smith）
●一緒に生活していても犬同士が仲よくなるとは限らない
『Royal Society Open Science』（２０１８年7月／5巻7号／Simona Cafazzo, Sarah Marshall-Pescini, Martina Lazzaroni, Zsófia Virányi, Friederike Range）
●犬の問題行動には医療用大麻が効果的
『日本補完代替医療学会誌』（２０２１年7月／18巻1号／茂木千恵、福山貴昭）
●問題行動の予防や改善でしつけより大事なこと
『Animals』（２０２２年1月／12巻2号／Rebecca L. Hunt, Helen Whiteside, Susanne Prankel）

犬にウケる最新知識

著者 鹿野正顕

2024年4月25日 初版発行
2024年7月20日 2版発行

鹿野正顕（かの まさあき）

学術博士（人と犬の関係学）。スタディ・ドッグ・スクール代表。

1977年、千葉県生まれ。獣医大学の名門・麻布大学入学後、主に犬の問題行動やトレーニング方法を研究。「人と犬の関係学」の分野で日本初の博士号を取得する。卒業後、人と動物のより良い共生を目指す専門家、ドッグトレーナーの育成を目指し、株式会社Animal Life Solutionsを設立。犬の飼い主教育を目的とした、しつけ方教室「スタディ・ドッグ・スクール」の企画・運営を行いながら、みずからもドッグトレーナーとして指導に携わっている。2009年には世界的なドッグトレーナーの資格であるCPDT-KAを取得。日本ペットドッグトレーナーズ協会理事長も務める。プロのドッグトレーナーが教えを乞う「犬の行動学のスペシャリスト」として、テレビ出演や書籍・雑誌の監修など、メディアでも活躍中。

発行者 髙橋明男
発行所 株式会社ワニブックス
〒150-8482
東京都渋谷区恵比寿4-4-9えびす大黑ビル
ワニブックスHP http://www.wani.co.jp/
（お問い合わせはメールで受け付けております。
HPより「お問い合わせ」へお進みください）
※内容によりましてはお答えできない場合がございます

装丁 小口翔平＋青山風音（tobufune）
フォーマット 橘田浩志（アティック）
編集協力 山守麻衣（オフィスこころ）
校正 玄冬書林
編集 内田克弥（ワニブックス）

印刷所 TOPPANクロレ株式会社
DTP 株式会社 三協美術
製本所 ナショナル製本

定価はカバーに表示してあります。
落丁本・乱丁本は小社管理部宛にお送りください。送料は小社負担にてお取替えいたします。ただし、古書店等で購入したものに関してはお取替えできません。

ISBN 978-4-8470-6702-0
WANI BOOKOUT http://www.wanibookout.com/
WANI BOOKS NewsCrunch https://wanibooks-newscrunch.com/